城市智慧景观设计与规划：

从理论到实践

胡　颖　著

云南美术出版社

图书在版编目（CIP）数据

城市智慧景观设计与规划 ：从理论到实践 ／ 胡颖著.

昆明 ： 云南美术出版社，2024. 6. -- ISBN 978-7-5489-
5758-4

Ⅰ. TU984.1

中国国家版本馆 CIP 数据核字第 2024VV1902 号

责任编辑： 吴　洋
责任校对： 台　文　贺丽芳　姚传军
装帧设计： 徽墨文化

城市智慧景观设计与规划：从理论到实践

胡　颖　著

出　　版	云南美术出版社	
地　　址	昆明市环城西路 609 号	
印　　刷	固安兰星球彩色印刷有限公司	
开　　本	710mm×1000mm　1/16	
印　　张	11.5	
字　　数	200 千	
版　　次	2025 年 1 月第 1 版	
印　　次	2025 年 1 月第 1 次印刷	
书　　号	ISBN 978-7-5489-5758-4	
定　　价	76.00 元	

前　言
PREFACE

城市的发展不仅是一个国家经济繁荣和科技进步的体现，也关乎人们的生活质量和社会的可持续性发展。在这个数字化时代，城市景观的规划与设计逐渐融入了智慧科技的潮流，形成了城市智慧景观这一新的领域。本书旨在深入探讨城市智慧景观的各个层面，从理论到实践，从技术到管理，为城市规划者、设计师、决策者提供全面的指导和启示。

第一章导论引领读者进入城市智慧景观的研究领域。通过对研究背景的剖析，读者可以了解城市智慧景观的发展背景和现状。随后，明确研究的目的和意义，为读者提供研究的价值和对城市未来发展的启示。研究方法和框架则为本书后续内容的展开提供了科学的指导。

第二章深入城市智慧景观的本质，从定义和理论基础出发，系统地呈现城市智慧景观的特征与要素。通过对国内城市智慧景观案例的分析，读者能够更具体地了解这一领域的实际应用，并提供了丰富的实证支持。

第三章将焦点转向城市智慧景观技术与工具。首先，介绍智慧城市技术与应用概况，为读者建立对技术发展整体认知。随后，深入智慧景观设计与规划所使用的技术与工具，以及城市数据分析与应用的实践。

第四章提出城市智慧景观规划原则，从理论基础、可持续发展与智慧景观规划的关系，以及公众参与与社区治理等多个角度，阐述了规划的理念和指导思想。

第五章深入城市智慧景观设计策略，既包括城市景观设计的原则与策略，也展示了具体的城市智慧景观实践示例，同时探讨了城市景观可视化与公共艺术的作用。

第六章聚焦于城市智慧景观管理与运营。通过介绍智慧景观管理系统与流程、公共空间管理与维护，以及智慧景观可持续性管理策略，为城市决策者提供了科学的管理指南。

第七章关注城市智慧景观评价与监测，包括智慧景观评价指标与方法、风险评估与决策支持，以及监测技术与数据应用。这一章节为城市智慧景观的实时监测和效果评估提供了重要的方法论。

第八章通过典型案例研究，展示了城市智慧景观设计与规划的成功实践，并对未来的发展趋势进行展望。结合各章节的内容，提出了结论和建议，为城市决策者提供了指导性的思考和行动方向。

最后，通过整本书的编写，笔者希望能够为城市规划、设计、管理等相关领域的专业人士和学术研究者提供一本全面而深入的参考书籍。城市智慧景观不仅是城市发展的必然选择，也是一种践行可持续发展理念的创新模式。相信通过大家的共同努力，城市智慧景观将在未来不断迈向新的高度。希望本书能够成为读者深入研究城市智慧景观的有力工具，激发更多创新思维，促进城市智慧景观的健康发展。

编者

2024.1

目 录
CONTENTS

第 一 章

导 论

第一节 研究背景

随着全球化、城市化进程的发展以及 5G 网络的出现，智慧城市的理念已经应用到各个领域，推动着社会的发展及城市的更新，也提高了人们的生活质量。人们期盼着智慧城市能够创造出更高效的城市以及更具有竞争力的创新型生态环境与生活环境。

一、社会发展的需要

社会的发展正处于科技不断进步和物联网技术广泛普及应用的时代，这一趋势深刻地改变了社会的各个方面，涵盖了经济、文化、政治、体制等多个维度，从而极大地影响着人们的生活方式。其中，网络信息技术的崛起为社会带来了新的生机与活力，推动了社会生产力和经济基础的发展，为社会生产结构的转型提供了明确方向。现代社会的上层建筑，包括文化、政治、体制等，正在物联网系统的支持下持续提升和完善。与此同时，现代信息技术的迅猛发展与社会的进步紧密相连。在这一背景下，智慧城市的建设成为社会发展的决定性因素，在全球竞争中扮演着举足轻重的角色。社会的发展水平直接取决于技术的不断创新和发展情况，因此，社会的进步迫切需要现代化信息技术所带来的新方向和新活力。

在这个演进的过程中，景观作为社会发展中的上层建筑，更需要与智慧城市理念进行深度融合。景观不再仅仅是环境的装点，而是与智慧城市的创新和技术密切相关，成为引领社会文明进步的重要组成部分。智慧城市的建设为景观提供了新的维度，使其不再是单纯的观赏对象，而是成为社会功能、信息传递和文化表达的载体。景观设计与规划需要紧密结合智慧城市的核心理念，借助现代信息技术，将城市空间打造成更加宜居、智能化的环境。

二、城市建设的需要

城市作为人类文明发展的象征，在人类社会演进的长河中扮演着至关重要的角色。随着人们对生活需求的不断增加和科学技术的迅猛发展，城市发展、管理和社会分工正日益趋向系统化和精细化。未来的城市会呈现出丰富多彩、个性化的发展趋势，而这一变革在数字城市和智慧城市两个阶段中逐步展现[1]。智慧城市为城市管理提供了新的手段，通过现代化信息技术在基础设施建设、资源管理、道路交通、景观生态系统等多个方面的应用，实现了对信息的高效、科学利用，从而实现了城市管理的系统化。

城市管理在智慧城市时代迎来了新的机遇和挑战。在基础设施建设方面，通过信息技术的支持，城市能够精准地规划和建设各类基础设施，实现城市功能的优化和提升。在资源管理方面，智慧城市通过大数据分析和智能化技术，能够实现对资源的合理调配，提高资源利用效率，从而推动城市可持续发展。在道路交通方面，智慧城市通过智能交通系统，实现了交通流的优化调度，缓解交通拥堵，提升城市交通运输效率。

与此同时，智慧城市对景观生态系统的管理也起到了积极的作用。通过数字技术和传感器网络，城市可以实时监测和管理生态环境，保护自然资源，提高城市的生态可持续性。这一系列管理手段和技术手段，使城市在公共服务能力、城市治理效率等方面显著提升，为城市建设创造了崭新的形态。

三、人们生活的需要

随着现代科技的飞速发展，人们对生活体验的需求日益增长，这推动了体验式的创新性公园的崛起，为人们提供了新颖而丰富的休闲选择。其中，虚拟现实和人工智能等先进技术在景观设计中的应用不仅为游客带来了身临其境的体验，还提供了前所未有的安全性和便捷性[2]。人们对智慧城市的期望主要体现在更高效的管理应用、智能设施和创新型生态环境与生活的构建上。在面对资源危机、环境问题和城市化发展危机的时候，人们渴望智慧型城市能够提供解决方案，以维持创新型经济和城市财富，并通过优化资源利用、保障城市安全来实现可持续就业生产，与贫困作斗争。

生活质量作为城市化的推动力，在智慧城市理念的引领下，城市滨水景观成为提高城市居民生活质量的有效手段。智慧城市的发展不仅能够改善环境、提高公共安全，还能够保障居民的健康状况，从而更好地应对城市面临的各种挑战。人类生活需求的不断变化推动了城市管理方式和技术的不断更新，景观设计领域也在不断地融入新的技术，例如第五代无线技术。智慧景观作为新兴领域，将引领景观设计新的发展趋势和方向，为城市生活带来更为智能、便捷和舒适的体验。

第二节　研究目的和意义

一、研究目的

（一）拓展城市景观设计的理论框架

在城市智慧景观设计的研究中，拓展城市景观设计的理论框架是至关重要的任务。当前城市景观设计理论主要侧重于传统的环境美学和城市规划原则，然而，随着智慧技术的不断发展，城市景观设计的范围和要求发生了根本性的变化。因此，我们迫切需要在现有理论框架的基础上进行深入拓展，以适应智慧城市时代的需求和挑战。

首先，新的景观设计目标需要更好地整合先进技术。传统的景观设计理论通常侧重于形式美和功能性，而在智慧城市中，设计目标需要进一步融入先进的科技元素，如物联网、人工智能、大数据等。这要求我们重新审视景观设计的核心要素，探讨如何巧妙地整合这些技术，使其成为城市景观的有机组成部分，而非简单的附加物。

其次，景观设计目标还包括提升城市居民的生活质量。智慧城市的理念强调以人为本，因此，景观设计不再仅仅是美化环境，更应关注居民的实际需求和体验。在拓展理论框架时，我们需要深入研究城市居民对于生活空间的期望，思考如何通过景观设计创造更为宜居、健康、便利的城市环境，提高居民的生活满意度。

最后，景观设计目标的拓展还涉及推动城市的可持续发展。在传统景观设计中，可持续性往往局限于环境保护，而在智慧城市中，可持续发展需要更广泛地考虑社会、经济、文化等多个方面。因此，拓展理论框架时，我们需要思考如何通过景观设计促进城市在多个方面的可持续性，实现资源合理利用、社会公平发展以及经济健康增长的目标。

（二）优化城市功能与社会互动

智慧城市的崛起标志着城市不再仅仅是一堆建筑和街道的简单组合，而是演变成一个充满活力的智能生态系统。在这一背景下，深入探讨如何通过智慧景观设计优化城市的功能布局，并提升城市居民的社会互动体验，成为促进城市宜居性和自然亲近性的关键课题。

首先，优化城市功能布局需要考虑多个维度。传统的城市规划主要注重功能分区，如商业区、住宅区、工业区等，而智慧城市要求更为综合和灵活的功能布局。通过智慧景观设计，城市管理者可以引入先进的城市感知技术，实时监测城市的活力和需求。这使城市能够更灵活地调整不同区域的功能，实现高效和智能的城市运营。

其次，提升城市居民的社会互动体验是优化城市功能布局的关键目标之一。在传统城市中，人们往往在单一功能区域内生活、工作、娱乐，社会互动相对有限。通过智慧景观设计，我们可以通过科技手段创造更多的共享空间，打破功能区的刚性边界，促使居民更为频繁地在城市中交流互动。例如，通过数字化的城市平台，居民可以实时获取城市活动信息、社区新闻，提高社会互动的频率和深度。

最后，使城市更宜居、更亲近自然是优化城市功能布局的重要方向。智慧城市的发展应当注重人与自然的和谐共生。通过景观设计引入绿色生态元素、城市农耕和水域等，创造更为宜居和自然的城市环境。利用智能技术，可以实现对城市绿化、空气质量等环境指标的实时监测和调控，为城市居民提供更为舒适的生活环境。

二、研究意义

（一）提高城市居民的生活品质

研究的重要社会意义在于通过智慧景观设计来提高城市居民的生活品质。这涉及深入分析居民对城市空间的需求，以精准的方式引导设计，创造出更符合人们期望的宜居环境。在智慧城市的理念下，我们必须思考如何通过景观设计来满足居民的生活需求，从而推动城市向宜居和可持续的方向发展。

首先，了解居民对城市空间的需求是提高其生活品质的基础。通过对社会调查、问卷调查和用户体验的深入研究，我们能够收集到关于居民期望的翔实数据。这包括对居住环境、公共服务、文化娱乐等方面的期望，为景观设计提供有利的参考依据。通过对这些数据的深入理解，我们可以量身定制智慧景观设计，更好地满足居民的实际期望，从而提高其生活品质。

其次，精准引导设计需要结合智慧技术的应用。在智慧城市中，我们可以通过感知技术、大数据分析等手段实时监测城市居民的行为和需求。通过这些数据，设计师可以更为精准地把握居民的生活方式，从而在景观设计中融入更具个性化、贴近实际需求的元素。例如，根据居民的活动轨迹和兴趣点，设计可以优化公共空间的布局，创造更适合社交和休闲的环境。

最后，创造宜居环境需要在设计中注重社区共建和社交互动。通过设计社区公共空间，鼓励居民参与社区活动，促进社交互动，可以增强社区凝聚力，提升居民的生活满意度。智慧城市技术可以提供便捷的社区服务，如智能公园管理系统、社区互动平台等，使居民更方便地参与社区生活，享受到更多的便利和愉悦。

（二）推动城市可持续发展

智慧景观设计的追求不仅仅停留在满足短期的审美需求上，更重要的是将其视为推动城市可持续发展的关键手段。通过深入研究设计策略和技术手段，可以实现城市在资源利用、环境保护等方面的可持续性，为未来城市的长期发展奠定坚实的基础。

首先，设计策略应当注重资源的有效利用。在智慧城市背景下，通过智能技术的应用，我们能够更加智慧地管理城市资源，包括能源、水源、土地等。景观设计可以通过优化绿化、雨水收集、节能照明等手段，实现资源的高效利用。这不仅有助于减少资源的浪费，还能够推动城市向可持续的方向迈进。

其次，环境保护是智慧景观设计中不可忽视的方面。通过引入生态景观、绿色基础设施等设计元素，可以创造更为环保和生态友好的城市环境。智慧技术的运用，如大数据分析空气质量、智能垃圾分类等，有望在保护城市环境方面发挥积极作用。景观设计需要与环保理念深度融合，通过创新设计手段，为城市提供可持续的生态条件。

在技术手段方面，智慧城市技术的应用将成为实现可持续发展目标的关键。通过建立智慧城市平台，整合城市各个方面的信息，实现全面监测和管理。例如，智能交通系统、智能能源管理系统等，能够有效减少交通拥堵、提高能源利用效率。这些技术手段将为城市决策提供数据支持，促使城市在规划和发展中注重可持续性。

第三节　研究方法和框架

一、采用的研究方法和工具

（一）文献综述与案例分析

通过深入的文献综述，本书将系统梳理智慧景观设计领域的研究现状，以全面了解相关理论和实践经验。智慧景观设计作为城市规划与设计的新兴领域，吸引了广泛的学术关注。文献综述将聚焦于智慧城市理念与景观设计的融合，研究者对于如何整合先进技术、提升城市居民生活质量以及推动城市可持续发展等方面的探讨，为智慧景观设计提供了丰富的理论支持。

同时，采用案例分析的方法，本书将深入研究国内成功的智慧景观设计案例，从中汲取设计经验和启示。国内的智慧景观设计案例涵盖了多个领域，包括城市公园、商业区、社区等不同场景。这些案例不仅在设计理念上突破传统，更在技术应用和社会互动等方面取得了显著成就。通过案例分析，本书将深入挖掘这些成功案例的设计策略、技术应用和社会效果，为今后的智慧景观设计提供实践经验和可行方案。

文献综述与案例分析的结合，可以更全面地了解智慧景观设计领域的发展动态和前沿趋势。通过对已有研究和实践经验的总结，可以发现其中的共性和差异，形成对智慧景观设计的深刻认识。这将为今后的研究提供坚实的基础，为智慧景观设计的理论和实践贡献新的思路和方法。

（二）问卷调查与专家访谈

为深入研究智慧景观设计领域，可以采用问卷调查和专家访谈两种方法，以全面获取公众和专业领域的专家的观点和见解。

首先，通过问卷调查可以获取广泛的公众意见，了解居民对于智慧景观设计的期望和需求。问卷设计将覆盖城市居民对于景观设计的认知程度、对智慧技术在城市生活中的期望、对公共空间利用的看法等多个方面。通过定量分析问卷结果，可以揭示不同层次和背景的居民对于智慧景观设计的共性和差异，为景观设计提供更加精准的指导。

其次，进行专家访谈旨在从专业领域获取深层次的见解，为研究提供专业支持。我们将邀请景观设计师、城市规划专家、智慧技术领域专家等多个专业领域的专家进行深度访谈。通过专业领域的专家视角，可以了解到智慧景观设计在实际应用中可能面临的挑战、未来发展的方向以及如何更好地与城市规划相融合。专家访谈将为研究提供理论层面的支持，并为智慧景观设计的理论框架和实践指导提供丰富的信息。

通过综合问卷调查和专家访谈的研究方法，我们将能够深入了解公众和专业领域专家的需求、期望和看法。这种跨学科的研究方法有助于建立智慧景观设计的全面理论体系，为未来的设计实践提供更加科学和可行的建议。

二、研究框架的概要和组成部分

（一）研究框架

研究框架概要及组成部分，如图 1-1 所示。

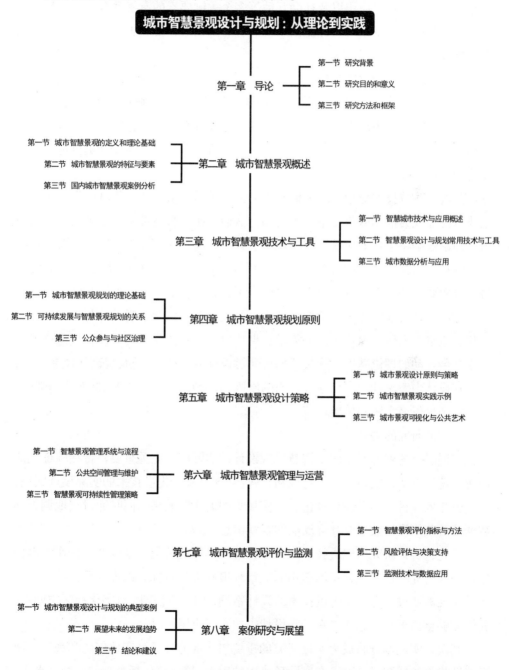

图 1-1 研究组织架构图

（二）研究内容

1. 理论框架的建构

在城市智慧景观设计领域，理论框架的建构是整个研究的基石，其涉及景观设计原则、智慧技术应用以及社会互动等多个关键要素的有机整合。这一理论框架的构建旨在为智慧景观设计提供系统而有力的指导，使其更贴近当代城市的需求和挑战。

首先，景观设计原则是理论框架中的核心要素之一。通过深入研究现有景观设计理论，我们将挖掘其中的共性和差异，形成适应智慧城市理念的设计原则。这包括如何在设计中注重可持续性、提升生态友好性、强调空间流动性等方面的原则。理论框架的建构将使得这些原则得以有机整合，为景观设计提供更为系统和前瞻的理论支持。

其次，智慧技术应用是理论框架中的另一关键要素。在当代城市发展中，智慧技术已经成为推动城市变革的重要动力。通过研究智慧技术在景观设计中的应用，理论框架将包含如何整合虚拟现实、人工智能等先进技术，以提高景观设计的创新性、智能性和可操作性。这一方面要关注技术的可行性和实际应用效果，另一方面要强调技术与设计原则的协同作用，确保技术在设计中的有机融合。

最后，社会互动作为理论框架的重要组成部分，强调景观设计与社会的紧密关联。通过深入研究城市居民的需求、期望以及对智慧景观的反馈，理论框架将建立社会互动的理论基础。这包括如何通过设计促进社区互动、提高居民参与感，以及在设计中考虑社会多元性等方面的原则。社会互动不仅是理论框架的一部分，更是将理论付诸实践的关键环节。

2. 实证研究的展开

实证研究的展开对于城市智慧景观设计的实际应用至关重要，旨在验证先前构建的理论框架在实践中的可行性和有效性。通过基于先进技术的实际设计案例，笔者将深入探讨并验证设计理论在真实场景中的实际效果，同时通过实地调查和数据分析获取设计效果及社会反响的客观信息。

首先，实证研究以先进技术为支撑，选取具体的智慧景观设计项目作为案例进行深入研究。这些项目将涵盖不同城市环境和设计目标，以确保研究结果的广泛适用性。通过选择基于先进技术的设计案例，如智能公园、数字化社区空间等，我们能够全面了解智慧技术在景观设计中的实际应用情况。

其次，实地调查将成为实证研究的重要组成部分。通过实地走访和观察，研究团队将直接感知设计方案在实际环境中的表现。这不仅包括景观的外观和形态，还关注居民的使用体验、公共空间的互动性以及智慧技术在其中的运作情况。通过实地调查，我们能够捕捉到理论框架在实际场景中的细节表现，为后续的数据分析提供扎实的实证基础。

最后，数据分析将在实证研究中起到至关重要的作用。通过收集和分析实地调查所得的数据，我们将评估设计效果的客观指标，同时关注社会反响的主观感受。这可能包括居民的满意度调查、使用频率统计等多维度的数据分析。通过科学而全面的数据分析，我们能够客观评估智慧景观设计在实际应用中的成功与挑战，为进一步优化和完善设计提供实质性的依据。

3. 设计工具与技术的应用

设计工具与技术的应用是城市智慧景观设计研究框架中的关键组成部分，旨在深入探讨虚拟现实、人工智能等先进技术在景观设计领域的创新实践，以为设计师提供更为创新和实用的设计手段。

首先，虚拟现实（VR，以下称 VR 技术）作为设计工具在景观设计中的应用将是研究的重要方向。通过虚拟现实技术，设计师能够以全新的方式体验和展示设计方案，使其更具沉浸感和真实感。VR 技术有助于设计师在设计初期进行更直观的空间感知，同时也为决策者和居民提供更具体、可视化的设计呈现，促使彼此之间更有效地沟通与共鸣。

其次，人工智能（AI）在景观设计中的应用将进一步拓展设计工具的领域。通过 AI 技术，设计工具可以学习和适应设计师的偏好，并提供个性化的设计建议。智能算法可以分析大量的设计数据和用户反馈，为设计提供更科学、更符合人类感知的方案。这不仅提升了设计创新性，也加速了设计过程的效率。

最后，研究框架还将关注其他先进技术在景观设计中的应用，如增强现实（AR）、大数据分析等。这些技术的引入将为景观设计提供更为多样化和个性化的设计工具，同时也推动设计向数字化和智能化发展。

通过深入探讨这些工具与技术的应用，研究旨在提出相应的设计方法和流程，使设计师能够更灵活地应用先进技术，创造出更富有创意和可持续性的智慧景观设计。这不仅为设计领域的技术创新提供了新的方向，同时也为城市智慧景观的实际落地提供了有力的支持。

4. 社会影响评估与反馈机制

社会影响评估与反馈机制是城市智慧景观设计研究框架中的关键环节，旨在建立一个系统的评估机制，通过定期评估和及时反馈，深入了解智慧景观设计在社会中的实际影响和效果。这一机制的建立将有助于不断优化设计理念和方法，使其更贴近社会需求，提升设计的实用性和社会影响力。

首先，社会影响评估将以多维度的指标为基础，旨在全面了解智慧景观设计对城市居民、社区和环境的影响。这可能包括但不限于居民生活质量的提升、社区互动的促进、资源利用的效益等方面。通过采用定量和定性相结合的方法，我们能够在多个层面对设计进行科学而全面的评估，确保评估结果具有可信度和实用性。

其次，反馈机制将建立在社会影响评估的基础上，以及时了解社会对智慧景观设计的反馈意见和期望。这包括从居民、社区组织、决策者等多个层面收集的反馈信息。通过利用数字化平台、社交媒体等渠道，我们能够实现反馈信息的及时收集和分析。这一反馈机制有助于发现设计中可能存在的问题、挖掘更多的改进空间，并使设计更加贴近实际需求。

最后，社会影响评估与反馈机制的建立将形成一个闭环体系，为设计的持续优化提供动力。通过不断评估和反馈，我们能够更深入地了解设计的长期影响和变化趋势，从而为未来的设计决策提供科学的依据。这也有助于智慧景观设计领域实践经验的积累和知识共享。

第 二 章

城市智慧景观概述

第一节 城市智慧景观的定义和理论基础

一、智慧景观的定义

智慧景观的定义尚未在学术界形成确切的共识，然而，IBM 公司提出的一个代表性观点让我们产生了深刻的思考。根据 IBM 的观点，智慧城市是借助信息和通信方面的先进技术，对城市各项功能的信息变化进行观察和分析，以实现多个方面的智能化反应。这种反应涵盖了民生、城市环保、公共安全、服务和经济活动等多个领域，旨在为居民提供更加舒适和便利的生活环境。

智慧城市的核心在于充分利用先进技术手段，如网络、决策优化和云计算。通过感知、物联网和智能反应模式的引入，城市将包括物理、社会、信息和商业等多个方面的基础设施系统整合成一个智能化系统。这一系统的构建旨在提高城市的运行效率，优化资源利用，并为居民创造更为宜居和可持续的城市环境。

智慧城市所追求的目标不仅仅是技术的应用，更是在城市层面实现智能化的全面发展。在数字化城市规划方面，引入先进的地理信息系统（GIS）和城市模型技术成为重要的理论支撑。这一理论强调通过 GIS 技术实现对城市空间的精准规划，使城市规划更具科学性和可操作性。通过数字艺术、虚拟现实等技术融入景观设计，智慧景观的理论体系会更注重提升城市景观的艺术性和参与性，使城市更富有创意和互动性。

最后，信息技术理论在智慧城市的建设中也占有重要地位。关注如何利用大数据、人工智能等技术实现城市管理的智能化和精细化，这一理论推动了城市管理的现代化。通过大数据分析和人工智能技术，城市管理者可以更全面、及时地监测城市运行数据，为决策提供科学支持，提高城市的响应速度和问题解决能力。

二、智慧景观的核心理论

（一）数字化城市规划理论

数字化城市规划理论是一项强调先进技术应用的理论框架，其核心目标在于借助先进的地理信息系统（GIS，以下称 GIS 技术）和城市模型技术，实现对城市空间的精准规划。这一理论不仅仅着眼于城市规划的科学性，更在于将信息技术与城市规划有机结合，为城市的可持续发展提供坚实的科学基础。

在数字化城市规划理论中，GIS 技术被认为是实现城市空间精准规划的核心工具。GIS 技术因其对地理信息的高度准确性和多维度分析能力脱颖而出。通过 GIS 技术，城市规划者能够全面获取和分析城市地理信息，包括但不限于土地利用、交通、环境质量等多个方面。这为制订科学、合理的城市规划方案提供了丰富的数据支持。

数字化城市规划理论对城市模型技术极为重视。城市模型技术通过数学和计算手段模拟城市的物理特征、社会结构和发展趋势。这种模型不仅可以反映城市的现状，还能预测城市未来的发展方向。通过结合 GIS 技术和城市模型技术，数字化城市规划理论实现了对城市空间的全面理解和规划。

数字化城市规划理论的目标不仅仅是规划的科学性，更注重为城市的可持续发展提供科学依据。通过充分利用 GIS 技术和城市模型技术，理论体系为城市规划提供了更为准确、全面的信息基础。这不仅有助于避免盲目发展和资源浪费，还为城市未来的可持续发展奠定了坚实的基础。

在实践中，数字化城市规划理论的应用已经为许多城市的规划和管理带来了显著的效益。通过更科学、更精准的规划，城市能够更好地适应不断变化的社会和经济环境。因此，数字化城市规划理论作为一种前沿的城市规划思想，不仅在学术研究中有着深刻的理论内涵，更在实际应用中展现出强大的现实推动力。

（二）景观设计理论

景观设计理论强调了数字艺术、虚拟现实等技术在景观创作中的关键作用，旨在为城市打造更具艺术性和参与性的景观。这一理论体系深入挖掘了数字化时代的潜力，将先进技术与景观设计融为一体，旨在为智慧城市创造更为独特而吸引人的空间环境。景观设计理论不仅强调美学和创造性，更关注景观设计在智慧城市中的战略角色，通过创新设计手法积极提高城市居民的生活品质。

在景观设计理论中，数字艺术成为突出的元素，为景观注入更加丰富的表现形式。数字艺术不仅局限于传统的静态景观，更包括动态的、交互性的元素，如光影变幻、虚拟雕塑等。通过数字艺术的巧妙运用，景观设计是自然和建筑的组合，呈现出更加独特和富有表现力的特征，激发居民对城市空间的审美享受和参与感。

与此同时，虚拟现实技术的引入也使景观设计理论更加立体和真实。通过虚拟现实，城市居民可以在虚拟空间中体验不同的景观场景，拓展了传统景观设计的边界。这种沉浸式体验不仅为居民提供了全新的感知方式，也为城市创造了更具互动性和更有趣的公共空间。

景观设计理论强调创新设计手法的应用，这包括但不限于数字技术的运用。通过采用前沿的设计手段，如数据驱动设计、智能感知系统，景观设计能够更精准地满足城市居民的需求，提高城市的适应性和灵活性。这种创新设计手法的引入不仅仅满足城市居民对美好环境的追求，更有助于优化城市的功能和效率，使城市更好地适应日益变化的社会和经济环境。

（三）信息技术理论

信息技术理论聚焦于如何充分利用大数据、人工智能等先进技术，以实现城市管理的智能化和精细化。这一理论在智慧城市的建设中发挥着至关重要的作用，通过信息技术的应用，旨在提高城市的运行效率和管理水平，以适应日益复杂和动态变化的城市环境。

大数据技术作为信息技术理论的重要组成部分，为城市管理者提供了从未有过的海量数据资源。这些数据涵盖了城市各个领域，包括但不限于交通流量、能源消耗、环境质量等多方面信息。通过对大数据的采集、分析和挖掘，城市管理者能够更全面地了解城市运行的实时状况，从而做出更加合理和精确的决策。

人工智能技术在信息技术领域中具有举足轻重的作用。通过机器学习、深度学习等技术手段，人工智能使城市管理系统具备了更高的智能化水平。这包括智能交通管理、智能照明、智能环境监测等多个方面的应用。人工智能的引入使城市能够更灵活地应对各种挑战，从而提高了城市管理的效率和响应速度。

信息技术理论强调的另一关键方面是智能化城市管理系统的建设。通过整合大数据、人工智能等技术手段，智能城市管理系统能够实现对城市各个方面的实时监测、预测和调控。这不仅使城市能够迅速发现问题和解决问题，还为城市管理者提供了科学决策的支持，使城市管理更加精细化和智能化。

在智慧城市建设中，信息技术理论的应用已经取得了显著的成果。通过大数据和人工智能技术的推动，使得城市管理水平得到了显著提升，各项服务和基础设施得以更好地协调和优化。信息技术理论的不断深化和创新将为智慧城市的未来发展提供更广阔的空间，为居民创造更为智能、高效和宜居的居住环境。

第二节 城市智慧景观的特征与要素

一、城市智慧景观的主要特征

（一）智能化与数字化融合

1.智慧城市的数字化概念

在城市智慧景观的背景下，智慧城市的数字化概念是该领域的核心特征之一。智慧城市的发展依赖于信息和通信技术的广泛应用，其目标是通过数字监测实现对城市各项功能的信息变化的观察和分析。这一数字化概念影响着城市的方方面面，涵盖了从民生服务、城市环保、公共安全到经济活动等多个领域的智能反应，为居民创造舒适和方便的生活环境。

首先，数字化概念在民生服务领域体现为智慧城市通过信息技术的应用，可以更精准地了解居民的需求和生活习惯。例如，基于大数据的智能城市系统可以分析居民的消费习惯和出行需求，从而优化城市的商业布局和交通规划，提高居民的生活质量。

其次，数字化在城市环保方面发挥重要作用。通过传感器和监测设备的广泛应用，智慧城市能够实时监测空气质量、垃圾处理情况等环境参数，从而采取针对性措施来改善环境质量，减少污染对居民的影响。

再次，在公共安全领域，数字化概念通过智能监控系统、紧急救援平台等技术手段，提高城市对潜在危险的感知和应对能力。这包括通过视频监控、人脸识别等技术手段对城市进行实时监测，确保居民的安全和公共秩序。

最后，在经济活动方面，数字化的智慧城市可以通过在线服务、电子商务等手段，促进城市经济的发展。数字技术的应用使经济活动更为便捷高效，推动城市商业的创新和发展。

2.信息技术对城市智慧景观的影响

引入信息技术，如大数据、云计算等，对城市智慧景观产生了深远的影响。这一数字化的融合使城市景观更具响应性，数字监测、智能反应和数据驱动的决策为城市居民提供了更为智慧、便捷的生活体验。信息技术的广泛应用不仅提高了城市管理效率，也为居民提供了更多参与城市互动的机会。

首先，大数据技术的引入使城市能够更全面、精确地了解居民的需求和城市运行状况。通过对海量数据的分析，城市管理者可以获取关于交通流量、能源利用、环境质量等方面的实时信息，从而进行科学的规划和决策。这种数字监测不仅提高了城市的整体运行效率，也有助于更好地满足居民的生活需求。

其次，云计算技术的应用使城市能够更灵活地处理和存储数据。通过云计算平台，城市可以实现对大规模数据的高效管理和分析，避免了传统数据处理方式的烦琐和低效。这种高效的数据处理为城市智慧景观提供了可持续和创新的基础，使城市能够更好地适应不断变化的需求和挑战。

再次，信息技术的影响还体现在智能反应和决策方面。通过智能化系统的建设，城市可以对各种信息进行实时监测和分析，快速做出反应。例如，交通管理系统可以根据实时交通流量进行智能调整，提高道路通行效率；环境监测系统可以实时感知污染源，采取措施保障空气质量。这种智能反应使城市能够更迅速地适应不同情境，提高城市的整体灵活性。

最后，信息技术的普及也为居民提供了更多参与城市互动的机会。通过智能手机、智能终端等设备，居民可以随时随地获取城市信息，参与在线服务和社区活动。这种数字化的互动方式丰富了居民的城市体验，使得城市不仅仅是一个生活场所，更是一个充满参与感和良好互动的社区空间。

（二）可持续性与绿色发展

1.规划与设计的可持续性

城市智慧景观强调了可持续性和绿色发展，通过合理规划和设计实现对资源的有效利用，旨在使城市成为一个可持续的生态系统。这一理念融合了生态学、城市规划和景观设计等多个领域的原则，致力于创造一个环保、经济繁荣且宜居的城市环境。

首先，城市智慧景观规划强调生态系统的健康发展。通过科学的规划手段，考虑到城市中自然生态系统的连续性和平衡性，实现了城市与自然环境的有机融合。这包括对城市绿地、水体、空气质量等自然元素的全面考虑，通过布局合理的生态空间，保障城市生态系统的完整性和可持续性。

其次，城市景观设计注重资源的有效利用。在规划过程中，强调最大限度地减少对自然资源的消耗，倡导使用可再生能源和可循环材料。智慧城市的规划考虑到能源利用效率、废物处理等方面，通过智能技术的引入，实现对资源的智能调配和管理，从而减少了资源浪费，提高了资源利用效率。

再次，城市智慧景观规划还关注社区的可持续性。通过合理布局社区，提倡步行、骑行和公共交通等低碳出行方式，减少交通对环境的负面影响。社区内的公共服务设施、文化娱乐等元素的合理配置也是规划的关键内容，以满足居民生活需求，减少不必要的交通流动。

最后，城市智慧景观规划还强调社会参与和合作。通过引入社区居民、专业规划师、政府机构等多方参与，实现了多元利益的协调与整合。这种多元参与的规划方式使城市的发展更加具有包容性和可持续性，充分考虑了不同群体的需求和期望。

2.绿色技术的引入

引入绿色技术是城市智慧景观规划中的关键举措，包括可再生能源、节能设备等，从而使城市景观更加环保。这一环保特征不仅仅限于单一领域的考虑，而是在整体规划中推动城市生态平衡的发展，为未来提供更加可持续的城市模式。

首先，引入可再生能源是绿色技术中的一项重要措施。通过利用太阳能、风能等可再生能源，城市可以减少对传统能源的依赖，降低碳排放，从而减轻对环境的不利影响。太阳能光伏板和风力发电等技术的应用，不仅为城市提供了清洁的能源，也为居民提供了更为环保的生活方式。

其次，绿色技术还包括节能设备的引入。在城市建设和规划中，采用高效节能的建筑材料、智能节能设备等，可以有效减少能源消耗，提高能源利用效率。智能照明系统、智能空调系统等设备的应用，不仅使城市设施更加智能化，也在节约能源方面发挥了积极作用。

最后，城市智慧景观规划中对绿色交通的关注也是绿色技术的一部分。通过鼓励使用低碳交通工具，建设智能交通系统，减少交通拥堵，不仅改善了城市空气质量，也为居民提供了更加环保、便捷的出行方式。

这种环保特征不仅仅是满足当代需求的考虑，更是在整体规划中促使城市生态平衡发展。通过引入绿色技术，城市可以更好地适应气候变化，提高环境质量，为未来提供了可持续的城市发展模式。

（三）社会互动与参与性

1.数字技术的社会互动

城市智慧景观的设计理念强调数字技术的社会互动，积极鼓励居民的参与性。通过数字技术和虚拟体验，城市景观以创造性的方式打破了传统的城市观赏模式，使居民能够更直接地参与城市生活，塑造并共享城市空间。

首先，数字技术为城市居民提供了更多的参与机会。通过智能手机、平板电脑等移动设备，居民可以随时随地与城市互动。例如，通过城市应用程序，居民可以实时获取城市信息、参与在线社区讨论，甚至参与城市决策过程。数字技术的普及使城市居民可以更加方便地了解城市动态，表达自己的观点，实现了城市治理的民主化和透明化。

其次，虚拟体验的引入使城市景观更加直观和多样。通过增强现实（AR）、虚拟现实等技术，居民可以在数字世界中与城市进行交互。例如，虚拟景观游览、数字艺术展览等活动为居民提供了全新的城市体验，拓展了城市互动的维度。这种虚拟体验不仅为城市增添了趣味性，也促使居民更加活跃地参与到城市文化和社交活动中。

互动性使城市景观不再是被动的观赏对象，而是一个可以被塑造和共享的社区空间。居民通过数字技术和虚拟体验，不仅仅是城市的观众，更成为城市的参与者和创造者。这种数字化的社会互动模式不仅拉近了城市与居民之间的距离，也为城市的文化创新和社区建设提供了全新的可能性。

2. 居民参与的数字化平台

数字技术为居民参与城市规划和决策提供了便捷的平台，构建了数字化的社交互动环境。手机应用、社交媒体等数字工具成为居民表达需求和期望的重要渠道，进一步强化了城市景观的社区感和居民参与感。

首先，数字化平台为居民提供了方便的表达渠道。通过智能手机等移动设备，居民可以轻松地参与在线社区、参加城市活动、发表观点和建议。社交媒体平台则提供了实时的信息分享和讨论空间，居民可以通过发布文字、图片、视频等多媒体形式表达对城市景观的看法。这种数字化的表达方式不仅节省了时间和空间，还能够更迅速地传递居民的声音，使其参与城市事务的成本大大降低。

其次，数字化平台促进了居民之间的互动和交流。通过在线社区和数字平台，居民可以与邻里互动、分享城市体验、讨论共同关心的问题。这种社交互动不仅拉近了居民之间的关系，也形成了一种共同体验城市的文化氛围。数字技术的介入使得居民参与城市规划和决策的过程更为社交化，从而加深了他们对城市景观的认同感和归属感。

通过数字化平台，居民参与城市规划和决策的方式不再局限于传统的会议和问卷调查，而是更加灵活、开放、即时。数字技术为居民提供了更直接、高效、实时的参与渠道，为城市景观的社会互动性和居民参与感注入了新的活力。这种数字化平台的建设不仅丰富了城市治理的手段，也为打造更具活力和包容性的城市社区奠定了基础。

（四）创新设计与艺术融合

1. 数字艺术的应用

城市智慧景观的创新设计和艺术融合体现在数字艺术的应用上。通过虚拟现实、增强现实等技术，城市景观呈现更生动、沉浸式的体验。数字艺术的引入为城市景观注入了更为创新和独特的元素。

2. 艺术元素的空间整合

城市智慧景观的独特之处体现在数字艺术的巧妙应用上。创新设计和艺术融合通过数字艺术的引入展现出更为生动和沉浸式的城市景观体验。这不仅仅是技术的运用，更是城市发展理念的创新，为城市营造了独特的文化氛围和视觉风景。

数字艺术的应用涵盖了虚拟现实、增强现实等技术。通过这些先进的技术手段，城市景观不再是传统的静态形态，而是通过数字艺术元素展现出更加丰富、多样化的面貌。例如，通过虚拟现实技术，居民可以在虚拟的城市空间中漫游，感受到数字化的建筑、景观元素，融入艺术性的城市氛围。增强现实技术则可以将数字信息叠加在真实世界中，创造出虚实融合的景观，为城市居民带来更加直观的感知体验。

数字艺术的引入为城市景观增添了创新和独特的元素。城市不再仅仅是建筑和自然景观的简单组合，而是一个通过数字艺术呈现出的具有时尚、前卫和艺术感的智能生态系统。这种数字化的艺术表达方式既满足了人们对于美感的追求，也展示了城市的现代化和未来感。

二、构成城市智慧景观的关键要素

（一）感知技术的应用

1. 传感器技术

感知技术在构建城市智慧景观中扮演着关键角色，而传感器技术的应用则是感知技术中重要的一部分。传感器技术通过各类高度先进的传感器设备，如气象传感器、空气质量传感器、交通流量传感器等，实现了对城市环境的实时感知，为城市提供了全面的数据支持。

气象传感器是一种常见的传感器，用于监测和记录城市的气象状况，包括温度、湿度、风速等气象参数。这些数据对于城市的气候适应性规划、提高能源利用效率等方面具有重要价值。同时，空气质量传感器能够监测大气中的污染物质浓度，为城市的环境保护提供实时数据，帮助相关部门采取有效的空气质量管理措施。

交通流量传感器则通过监测车辆和行人的流动情况，为城市交通规划和管理提供精准数据。这有助于优化道路布局、改善交通拥堵状况，提升城市的交通效率和流动性。

传感器技术的应用不仅实现了对城市环境的全面感知，还为城市规划和管理提供了科学依据。通过实时获取各种环境数据，城市决策者能够更准确地了解城市运行的状态，及时做出针对性的决策。这使城市管理更加精细化、智能化，有助于提升城市的整体运行效率。

2.实时数据的重要性

通过感知技术获取的城市各方面的实时数据对城市的智能决策和应急响应产生了深远的影响。这种实时监测机制为城市提供了准确、及时的信息，为城市运行的智能化管理和紧急状况的及时处理提供了坚实的基础。例如，通过对交通流量的实时监测，城市管理者能够了解道路的实际情况，并根据数据进行交通信号灯的时间调整。这项智能决策有助于优化交通流畅度，减缓拥堵状况，提高城市整体的交通效率。实时交通数据的分析为城市交通管理提供了科学依据，使其更加精准和灵活地应对不同交通状况。

感知技术所提供的实时数据不仅在交通领域发挥着关键作用，还在其他方面产生了积极影响。例如，在环境监测方面，实时数据可以帮助城市监测空气质量、水质状况等环境指标，及时发现并解决潜在的环境问题。这为城市提供了更为科学、环保的管理手段，有助于创造更加清洁、宜居的生活环境。

最后，实时数据的应用还可以加强城市的适应性。通过不断获取和分析实时数据，城市管理者能够更好地了解居民的需求和行为，从而调整城市服务、规划和设计，使城市环境更贴近居民的期望，提升居民的生活质量。

（二）物联网基础设施

1.设备互联的网络

物联网基础设施的建设在城市智慧景观中扮演了至关重要的角色，为城市提供了强大的设备互联网络。通过将各类设备连接到互联网，这一基础设施实现了设备之间的高效信息共享和协同工作，架构了城市各个领域的智能网络。这种设备互联的网络为城市提供了基础性的数据传输和通信支持，为城市的智能化发展奠定了坚实的基础。

物联网基础设施的关键之一是设备的连接性。通过网络连接，各类传感器、监测设备、智能设备等都能够实现信息的即时传输。这使得城市能够实现对环境、交通、能源等多个方面的实时监测和管理，为城市规划和决策提供了全新的可能性。

这一互联网络的建设使城市各个系统之间能够协同工作，形成更加高效的整体。例如，在交通管理中，通过将交通信号灯、车辆监测系统、导航系统等设备连接到同一网络，城市可以实现对交通流量的实时监测和调控，提高交通效率。在环境监测方面，连接各类环境传感器，城市能够及时获取环境数据，有助于制定环境保护策略。另一个重要的方面是数据的整合和分析。物联网基础设施通过将大量数据汇聚到中心系统，支持城市对数据的集中管理和分析。这为城市提供了更为深入的洞察，有助于优化城市运行和提升城市服务质量。

2.信息共享与协同工作

物联网基础设施建设为城市创造了一个信息共享与协同工作的平台，使城市的各个部分能够更加紧密合作，实现智能化管理。这在多个领域中都表现出卓越的效果，其中一个典型的例子是交通管理系统与气象系统之间的数据共享与协同工作。

首先，交通系统与气象系统的数据共享可以实现更加智能的交通管理。通过将交通监测设备和气象传感器连接到同一网络，城市能够获得实时的交通流量数据和气象状况信息。这些数据的共享使交通管理系统能够更准确地预测交通拥堵、天气变化等情况，并采取相应的措施。例如，在即将发生暴雨的情况下，交通信号灯的调整可以更加及时，以确保交通流畅和行车安全。这种数据共享与协同工作提高了城市交通管理的智能化水平，为居民提供便捷的出行体验。

其次，物联网基础设施完善为城市智慧景观建设提供了坚实的数字化发展支持。通过连接各类设备，城市能够形成一个综合性的网络，实现对城市各个方面的全面监测。这种全面性的数据汇聚为城市规划和决策提供了更为全面和准确的依据。而这也是城市智慧景观能够更好地满足居民需求、提高生活质量的重要基础。

因此，物联网基础设施建设为城市创造了一个数字化、智能化的环境，使城市各个系统能够高效地进行信息共享与协同工作。这种共享机制不仅提高了城市管理的效率，还为城市的数字化发展提供了可持续的支持，为城市智慧景观的建设奠定了坚实的基础。

（三）虚拟现实技术和数字艺术

1.虚拟现实技术

虚拟现实技术是城市智慧景观中引入的创新要素，为城市景观提供了一种全新的数字体验。通过虚拟现实技术的应用，城市的景观可以呈现出更加生动、沉浸式的特色，为居民创造了可参与的数字化城市空间。

首先，虚拟现实技术通过创造性的方式使城市景观更加生动。居民可以通过虚拟现实眼镜等设备，进入数字化城市空间，仿佛身临其境。这种沉浸式体验使居民能够更深刻地感知城市的设计和规划，促使他们更加积极地参与城市发展的讨论和决策过程。虚拟现实为城市景观增添了更具吸引力的特征，提升了居民对城市的美感体验。

其次，虚拟现实技术的引入为居民提供了更好的理解城市规划的机会。通过虚拟现实技术，居民可以全新的方式体验城市的设计理念，更直观地感受到各种规划方案的效果。这种互动性的体验有助于消除信息不对称，使居民更加理解和认同城市规划的目标和理念。通过虚拟现实技术，城市规划不再是抽象的概念，而是以更具体、直观的形式呈现给居民，促使他们更积极地参与城市规划。

因此，虚拟现实技术为城市智慧景观的建设提供了一种新颖的、数字化的参与方式。通过生动的虚拟体验，居民能够更好地理解和感知城市的设计，从而更积极地参与城市规划和决策，为城市的可持续发展提供有益的支持。

2. 数字艺术的融合

数字艺术的融合为城市智慧景观注入了创新和艺术的元素，使城市景观呈现出更具表现力和吸引力的特色。通过数字艺术的投影和应用虚拟现实技术，城市景观不再局限于传统的静态形式，而是成为充满创意和艺术元素的活力之地。

首先，数字艺术的融合使城市景观在视觉上更加丰富多彩。通过在建筑物、公共空间等城市元素上投影数字艺术，城市可以变成一个巨大的艺术展览场所。这种动态的艺术呈现不仅为城市增色添彩，同时也为居民提供了更具文化氛围的生活环境。数字艺术作为城市景观的一部分，使城市更富有创意，激发了居民对城市的审美体验和文化参与。

其次，数字艺术的应用使城市景观更具表现力。通过结合虚拟现实技术，城市中的建筑、雕塑、景观等元素可以呈现出更为生动、沉浸式的体验。数字化的艺术作品可以栩栩如生地展现在城市空间中，为居民提供了与传统艺术不同的感官体验。这种表现力的增强使城市景观更加引人入胜，激发了居民对城市空间的好奇和兴趣。

（四）智能决策与管理系统

1. 人工智能的运用

智能决策与管理系统中人工智能的运用为城市智慧景观的发展提供了先进的技术支持。通过采用人工智能、大数据分析等先进技术，这一系统实现了对城市数据的智能化处理，为城市运行提供了更加准确的预测和决策支持。

在智慧景观中，人工智能的应用是智能决策与管理系统的关键组成部分。首先，人工智能通过对大规模数据的分析，能够发现隐藏在数据背后的模式和规律。这有助于城市管理者更全面地了解城市的运行状况，从制定更具针对性和实效性的决策。人工智能的数据分析能力使城市管理变得更加科学和精细，提高了决策的准确性和可操作性。

其次，人工智能在智能决策与管理系统中的应用使系统具备了自主学习和适应的能力。通过不断学习和优化算法，人工智能系统能够适应城市运行中的变化和复杂性。这种自主学习的特性使系统能够及时调整决策策略，更好地适应城市发展的动态变化。

最后，人工智能还能够提高城市对未来发展的预测能力。通过对历史数据和趋势的分析，人工智能可以生成更准确的预测模型，为城市规划和发展提供科学依据。这种智能化的预测有助于城市规划者更好地制定长期发展策略，推动城市朝着可持续、智能的方向发展。

智能决策与管理系统中人工智能的运用为城市智慧景观的可持续发展提供了强大的技术支持。其数据分析、自主学习和预测能力使城市管理更加智能化和精准化，为城市提供了更科学、更高效的决策基础。

2.城市管理的效率提升

智能决策与管理系统的引入显著提升了城市管理的效率和精确度，为城市运行提供了更科学、高效的决策基础。通过对数据的智能分析，系统能够迅速识别城市中的潜在问题，并提出相应的解决方案，从而实现更精准地管理。

首先，智能决策与管理系统通过大数据分析，能够全面监测城市各个领域的运行状况。例如，在智能交通管理系统中，通过实时监测交通流量、车辆位置等数据，系统可以准确分析交通状况，及时发现交通拥堵或事故，并提出相应的调整方案。这种实时监测和智能分析使城市交通管理更具针对性，提高了道路利用率，减少了交通拥堵。

其次，智能决策与管理系统实现了决策的智能化处理。通过人工智能算法的运用，系统能够对复杂的城市数据进行深度分析，从中提取关键信息。这使系统能够自动识别问题、制定决策，并实现实时反馈。例如，通过智能能源管理系统，管理者可以根据电力需求和供应情况，实时调整能源分配，优化城市的能源利用效率。

最后，智能决策与管理系统还提供了更快速的应急响应机制。通过实时监控城市各项指标，系统可以快速预测潜在风险和危机，并采取相应的紧急措施。例如，在环境监测系统中，通过监测大气污染指数，系统能够及时发布警报，引导居民采取防护措施，降低环境污染的风险。

3. 科学依据的提供

智能决策与管理系统的应用不仅在提高城市管理效率方面取得了显著成果，还为城市发展提供了科学依据。通过对大量数据的深入分析，系统能够全面识别城市发展中的潜在机会和挑战，为决策者提供更为科学、全面的信息基础，从而助力制定更符合城市发展方向的规划和政策。

首先，智能决策与管理系统通过大数据分析，能够识别出城市发展的潜在机遇。系统能够从多个领域的数据中发现城市资源的有效利用、产业发展的新机遇等方面的信息。例如，在城市经济管理中，通过对市场需求、产业结构等数据的分析，系统能够帮助决策者发现新兴产业和经济增长点，为城市提供更加科学的发展方向。

其次，智能决策与管理系统还能够识别城市发展中的挑战和问题。通过对城市运行的各个方面进行深入监测，系统能够及时发现潜在的环境问题、社会矛盾等。例如，在城市环境监测系统中，系统可以分析大气污染、水质状况等数据，为决策者提供城市发展中需要解决的环境问题，为制定相关政策提供科学依据。

这种数据驱动的科学分析为决策者提供了更加全面的城市发展信息，帮助其更准确地把握城市发展的全局。在制定城市规划、政策和项目投资等方面，决策者能够更科学地评估不同选项的利弊，最大限度地推动城市的可持续发展。因此，智能决策与管理系统的运用为城市提供了科学依据，使城市管理更加精准和有针对性。

在城市智慧景观中，这些关键要素相互交织、相互支持，构成了一个完整的智能化系统。感知技术提供了实时的数据支持，物联网基础设施连接了各类设备，虚拟现实技术和数字艺术为城市景观增色添彩，而智能决策与管理系统则为城市提供了科学决策的基础。这些要素共同作用，使城市智慧景观更具智能性、可持续性和艺术性。

第三节　国内城市智慧景观案例分析

一、济南杨家河综合治理工程

济南杨家河综合治理工程项目位于中山翠亨新区起步区的马鞍北岛，是一项集生态修复、海堤加固、河流整治和滨水景观设计为一体的系统工程。该工程在强化河道防洪能力的同时，注重打造具有良好景观效果的河道，以提供周围居民休闲娱乐的场所，保持水生态环境的平衡，塑造生态文明的城市滨水景观。杨家河综合治理工程的目标不仅仅是提升河道的防洪功能，更强调通过景观设计为城市创造和谐的滨水环境。在工程中，重点修复了杨家河的水面生态系统，涉及 6.8 万平方米的水域。通过建立适宜微生物、水生植物和动物群落生存的栖息地，实现了动植物与环境之间的生态和谐，呈现出良好的景观效果。

综合治理工程注重提升河道的防洪能力，同时在景观设计上考虑到了周边社区居民的需求，为他们提供了宜人的休闲娱乐空间。项目的理念不仅仅是工程性的河道整治，更强调了对生态环境的保护和改善，旨在打造一个人与自然和谐相处的滨水景观环境。杨家河综合治理工程的实施，成功营造了一个具备防洪功能、生态平衡和景观效果的城市滨水空间。项目充分体现了对城市发展中生态环境的关切，为居民提供了一个宜人的休闲场所，实现了城市滨水区域的可持续发展。

（一）智慧城市理念应用分析

1.水务管理方面

该项目切实贯彻了智慧城市理念，采用"智慧水务"+"信息化"管理软硬兼备的举措，形成集虚拟现实河道实景体验、无人机智能巡航、智慧喷淋等为一体的智慧治理体系，以实现河道水务管理的精确化和精准化定位。通过物联网系统，该项目能够系统快速地发现和定位水系污染、水域安全等问题并迅速解决，从而提高了河流治理的效率[3]。

在智慧水务管理方面，项目采用了一整套现代化管理体系，包括智慧喷淋、安全帽定位、劳务一体化管理、智能用电用水和项目智慧看板等。这些系统通过物联网实现安全、技术、质量的整体管理，形成了科技感十足的治理手段。例如，智慧喷淋系统可以精准地调控水务喷淋，提高用水效率；安全帽定位系统实现了对工人位置的实时监控，保障了工作安全；劳务一体化管理系统实现了工作流程的高效整合，提升了工作效率。这些技术手段的整合使得项目在水务管理方面取得了显著的进展。

该项目的智慧水务管理不仅提高了治理效率，更注重整体管理体系的建设。物联网系统的运用使水务管理更加科学化和智能化，为项目的可持续发展提供了有力支持。

2.治理手段方面

杨家河项目在河道治理方面采用了一系列创新的水生态治理工程，通过研发曝气系统、生态浮岛河底清淤、物理化学底部处理以及生物群落构建等先进技术，形成了一套先进的治理手段。这些技术成果的研发不仅在水质净化方面取得了显著成果，同时也对整个水务治理和两岸景观空间的监测起到了重要的引导作用。

在治理手段方面，曝气系统、生态浮岛河底清淤等技术的运用为水生态系统的改善提供了有力支持。曝气系统通过增加水中氧气含量，促进水中生物的正常代谢，从而提高水体的氧化还原能力。生态浮岛河底清淤则能够有效去除河底的有机底泥，改善水体透明度，为水生生物提供更适宜的生存环境。同时，物理化学底部处理和生物群落构建等手段能够在水体中引入有益微生物，帮助降解有机物质，提高水质的净化效果。

这些创新手段的引入，使杨家河项目在水务治理方面成果显著。科技与设施的结合为治理工程提供了全面的监测手段，使项目更具可持续性和科技感。这也为类似综合治理工程的实施提供了有益的经验和参考。

3.娱乐体验方面

在娱乐体验方面，杨家河项目巧妙地将河道景观的设计融入软硬件设备，形成了集虚拟现实安全教育、虚拟现实河道设计实景体验等于一体的综合设施。这些设施不仅提供了市民游乐的体验，同时通过实景展示，使人们真切地了解河道的治理和修复过程，增强了公众对水务治理工程的认知。

项目中采用的虚拟现实安全教育设施为市民提供了一个生动直观的学习平台。通过虚拟现实技术，市民可以参与河道安全教育的互动体验，学习水域安全知识。这种娱乐性的学习方式既吸引了市民的注意，又提高了安全知识的宣传效果。

最后，项目还提供了虚拟现实河道设计实景体验，使市民能够亲身参与到河道设计的趣味过程中。通过这一设施，市民可以自主设计河道，体验设计的乐趣，增加了项目的参与感和趣味性。这种集娱乐和教育于一体的设计理念，不仅提升了市民对项目的关注度，也使治理工程更具社会互动性。

（二）总结与借鉴

在智慧城市理念的指导下，城市滨水的管理和修复展现了高效性，不仅为生态环境带来了显著改善，也为城市经济创造了可持续性的收益。先进的理念和技术为生态与经济的双赢提供了有力支持。城市滨水治理在倡导可持续发展的同时，也加强了城市与水系之间的紧密联系，为人们创造了更加宜人的居住环境。

河道知识的体验式解读不仅仅是一种娱乐体验，更是一种增进市民对城市水系重要性认知的途径。通过虚拟现实等技术手段，人们能够更深刻地了解河道的治理与修复过程，培养对水资源的保护意识。这种形式的河道知识宣传既贴合当代社会对互动性的需求，又有效提高了市民对水务治理工程的关注度。

在安全防护方面，智能设施的引入为滨水空间创造了更加安全、舒适的环境。通过物联网系统、虚拟现实实景体验等手段，项目实现了精准的水务管理，有效监测和解决水域安全问题。这种智能化的管理不仅提高了滨水空间的安全性，也使城市滨水公园更具人性化，更贴近市民的生活。

二、北京海淀公园

"数字北京"和"智慧北京"是北京这座城市在建设中持续迎合时代潮流的体现。北京的智慧城市建设，在医疗、安防、公共服务以及基础设施等方面取得了显著成果，实现了信息服务一体化，大幅度满足了市民的多样化需求，极大地提升了市民的生活质量。其中，北京海淀公园作为全国首个 AI 科技主题公园，将新兴科技，包括人工智能、传感与控制技术、大数据、云计算等，应用于公园各个景观元素，使海淀公园焕发出时代的新生机。

在北京智慧城市建设的背景下，海淀公园作为一个突出的代表，充分体现了城市科技与自然景观的巧妙融合。这个 AI 科技主题公园通过将最新的科技成果融入景观设计中，为游客提供了全新的体验。传感与控制技术的应用使公园的设施更加智能化，为游客提供更便捷、高效的服务。大数据和云计算的运用使公园管理更加精密，可以通过数据分析更好地满足游客需求，提高公园的运营效率。此外，北京海淀公园的建设不仅仅是单一技术的运用，更是多种技术协同工作的成果。这种综合运用使公园的景观元素更为多样化，能够更好地满足不同游客的需求。人工智能技术的引入使公园的景观更具智慧性，与传统公园相比，更符合现代人对于科技与自然结合的期待。

（一）智慧城市理念应用分析

1.园内交通

在北京海淀公园内，游客可以选择乘坐无人驾驶小巴——阿波龙，这是一辆配备无人驾驶技术的智能机动车。这一创新性的交通方式为游客提供了全新的公园内游览体验。阿波龙小巴的无人驾驶系统确保了游客在整个行程中的舒适感受，其流畅的转弯和平稳的刹车增添了整体的乘坐舒适性。

特别值得注意的是，阿波龙小巴在智能计算方面的卓越表现。当车辆面临障碍物时，系统能够智能计算安全距离，并采取相应的措施，如减速避开或者换道行驶，以确保游客的安全。这种智能化的安全系统不仅有效避免了潜在的安全风险，还可保障游客在公园内安全旅行。

与传统的交通工具相比，阿波龙小巴在时间利用上更为高效。智能计算系统的应用使阿波龙能够以更为合理的路径规划进行行驶，不仅不会浪费游客的时间，还能够更快速地到达目的地。这对于游客来说，意味着有更多的时间用于欣赏公园美景，提升了游园的整体体验。

这一无人驾驶交通工具不仅在节省人力资源方面具有显著优势，同时也为游客带来了全新的游览感受。乘坐阿波龙小巴，游客可以更加专注地欣赏公园内的风景，而无须过多关注交通路况。这种智能化的交通工具不仅提高了游园的效率，也为游客创造了更加便捷、舒适的游览环境。

2. 智能运动

海淀公园的智能步道引入了人脸识别技术，为游客提供了一种智能化的运动体验。这一创新的步道系统能够在游客进行运动时，实时记录其运动轨迹、步数等信息数据，而无须携带手机或其他设备。这不仅简化了游客的运动过程，还提供了便捷的数据记录方式。

人脸识别技术在智能步道中发挥了关键作用。游客只需通过人脸识别系统进行身份验证，系统便能够准确识别游客并开始记录其运动信息。这种无须额外设备的便捷性使运动变得更加轻松和自由，增强了游客参与的积极性。

一旦游客完成了运动，他们可以通过智能显示排行榜来查看自己的运动信息。排行榜上展示了多项数据，包括运动圈数、运动速度、累计时长以及实时排行等。这种实时的数据展示不仅为游客提供了运动成果的直观反馈，还激发了游客的竞技动力，促使他们更加积极地参与运动。

值得注意的是，智能步道的人脸识别技术不仅仅是为了运动数据的记录，还为公园提供了更加精细化的管理和服务。通过准确的身份验证，公园管理方能够更好地了解游客的偏好和需求，为其提供个性化的服务体验。这种智能运动系统不仅使运动更加便利，也为公园管理提供了更为智能化的手段。[4]

3. 小品设施

公园内的承露亭不仅仅是一座景观小品，更是一座拥有人工智能系统的智能设施。这座智能亭位于公园西门，内置先进的人工智能系统，使其具备了与游客进行对话式互动的功能。相较于传统的景观小品，承露亭通过引入人工智能技术，为游客提供了更为智能化和丰富多彩的体验。

承露亭的人工智能系统赋予了这座小品设施更多的生活功能。作为一座"智能保姆"，它能够与游客进行对话，提供影音娱乐服务，同时还具备实用工具的功能。游客可以在亭内查询天气情况、实时路况，获取各种知识等信息，为他们提供了便捷的生活服务。这种与景观小品融合的智能互动体验，使承露亭成为公园内一处备受游客喜爱的景点。

承露亭的人工智能系统不仅仅局限于提供信息服务，更是一种能够与游客进行交流互动的新型亭子。通过与游客对话，它能够感知游客的需求并做出相应的响应，增加了亭子与游客之间的情感交流。这样的互动性质让游客在公园中体验到更为智能、生动的景观小品。

4.互动设施

未来空间站作为公园内的一项互动设施，引入了虚拟现实技术和传感器等先进科技装置，为游客提供身临其境的全新体验。通过这项创新设计，游客可以在未来空间站中感受世界各地的特色风光，融入虚拟的环境中，极大地提升了游览的趣味性和参与感。

未来空间站内部采用了人脸识别系统，能够捕捉游客的面部表情并识别情绪变化。这一技术的应用使空间站能够根据游客的情感状态调整内部的音乐、灯光和屋顶屏幕，为游客创造出更加贴近个人需求的互动体验。需要注意的是，游客可通过手机端预约，并通过人脸识别系统控制人数，以避免拥挤情况的发生。

除此之外，未来空间站的音乐道路也为游客提供了独特的互动体验。每个琴键根据游客的踩踏发出不同的声音，犹如一台巨大的钢琴。这种音乐互动设计使得游客能够共同参与，创造出一曲美妙的音乐。这种互动性不仅增加了游客与景观之间的联系，还促进了人与人之间的互动关系，为公园创造了更为生动有趣的场所。

（二）总结与借鉴

北京海淀公园作为智慧公园建设的典范，为我国实现智能化和科技化迈出了重要的一步。其成功经验不仅在于照明设施的智能化运用，还涉及交通、植物、水景、导视系统等各个方面，为城市公园的现代化管理提供了有益的借鉴。

首先，科技进步在北京海淀公园得到全方位应用。不仅局限于最基本的照明设施，还在交通管理方面采用了无人驾驶小巴——阿波龙，为游客提供了更为便捷、安全的游览体验。这种创新的交通方式既节省了人力资源，又增加了游客的新鲜感，展现了智慧城市的先进形象。

其次，公园内的植物和水景等景观设施也充分融合了科技元素。通过智能水务管理系统，实现了对河道水务的智能化处理，快速发现并定位问题，提高了河流治理的效率。在植物方面，生态浮岛河底清淤、生物群落构建等创新技术的引入，使植物景观更具生态性和可持续性。

导视系统的智能运用也是北京海淀公园成功的要素之一。通过智能显示排行榜，游客能够方便地查看自己的运动信息，如运动圈数、运动速度等，为游客提供更加个性化的服务。这种智能化的导视系统不仅提高了游客的参与感，也使公园内的管理更为高效。

三、成都江滩公园

成都市作为全国首批 20 个智慧城市试点示范城市之一，致力于在城市建设、城市管理、交通管理、市政设施等方面进行智能化建设。在这一智慧城市的背景下，成都的江滩公园位于高新区世纪城会展中心南侧，充分融新技术和科技元素于景观设施中，旨在为市民提供一体化的娱乐、文化、休闲和产业服务，构建了包含"智慧景观"互动区域的综合性公园，为市民提供多元化、多感官的生活体验。

成都江滩公园的独特之处在于将智能技术有机融入公园的景观设施中，以创造更为丰富、互动的游园体验。其中，"智慧景观"互动区域成为公园的一大亮点。这一区域运用先进的科技手段，通过互动式装置和智能系统，使得游客可以参与到景观中，与环境进行互动，从而提升其游园的趣味性和参与感。这不仅满足了市民对于休闲娱乐的需求，也引领了公园的发展方向，更贴近智慧城市的理念。

成都江滩公园的综合性设计考虑到市民的多样化需求，使公园不仅仅是一个休闲娱乐的场所，更是一个集文化、产业和科技于一体的社区中心。在景观设施方面，公园融合了智慧灯光、互动雕塑等元素，为游客提供更为丰富的视觉体验。与此同时，公园还设有智能化信息导视系统，为游客提供准确、便捷的导览服务，提高了游园的便利性。此外，成都江滩公园在科技应用方面也体现在公园的管理与服务中。通过智能化系统，可以对公园内的设施、人流、绿化等进行实时监测与管理，提高了公园的运营效率。智能服务设施，如无人驾驶小巴、智能步道等，为游客提供了更为便捷、智能的游园体验。这种智能化管理不仅提高了公园的整体运营水平，也为市民提供了更好的服务。

成都江滩公园的智慧城市建设在景观设施、信息导视、管理服务等方面取得了显著的成效。通过将新技术和科技融入公园设计和运营中，不仅丰富了市民的休闲娱乐选择，也为智慧城市的建设提供了有益的经验。成都江滩公园成为智慧城市发展中的一个亮点，为其他城市提供了有益的借鉴，推动城市建设迈向更加智能、宜居的未来。

（一）智慧城市理念应用

1.娱乐设施

江滩公园在智慧化的改造升级中，娱乐设施得到了极大的丰富和提升，展现出多样性和互动性。这些娱乐设施包括智能交互景观、互动景观、智慧健身、无人售卖超市、皮划艇体验以及"王者荣耀"主题沙雕展等，将科技与娱乐相融合，为公园游客提供了丰富多彩的体验。

首先，智能交互景观设施和互动景观设施是江滩公园娱乐设施中的重要组成部分。通过传感器技术和灯光音乐的巧妙配合，这些设施能够感知游客的行为并做出相应的互动变化。例如，当游客走近一座互动雕塑时，传感器可以触发灯光变化或音乐响起，营造出愉悦的氛围。这种互动性不仅增加了游客的参与感，也为公园创造了更具吸引力的氛围。

其次，智慧健身设施的引入使得健身活动更为科技化且更加有趣。这些设施可能包括智能运动设备、虚拟健身教练等，通过科技手段提升了健身体验。无人售卖超市则为游客提供了更便捷的购物体验，通过智能科技实现自助购物，节省了时间成本。

最后，皮划艇体验和"王者荣耀"主题沙雕展等娱乐设施进一步拓展了公园的娱乐选择。皮划艇体验为喜欢水上活动的游客提供了新的体验方式，而"王者荣耀"主题沙雕展结合了游戏文化和艺术展览，为游客带来了别具一格的沙雕艺术。

这些娱乐设施的改造不仅仅是简单地增加新元素，更是通过科技手段提升了娱乐设施的互动性和体验感。传感器技术、灯光音乐等元素的融入，使娱乐设施能够更好地适应游客的需求，并为公园创造出更为生动、愉悦的氛围。这也符合智慧城市建设中注重科技创新和提升居民生活品质的发展趋势。通过这些娱乐设施，江滩公园为游客提供了更为多元、智能化的娱乐选择，为公园的发展注入了新的活力。

2. 休闲体育

在面对城市居民缺乏运动的问题时，如何激发人们重新参与户外活动成为一个亟待解决的难题。江滩公园通过将运动设备与声光电技术相结合，创造了一系列交互式智能健身设备，如电竞足球、光感攀岩、竞速单车等，使科技与休闲体育巧妙融合，呈现出科技感十足的户外运动场景。这一创新性的运动方式极大地改变了传统单调、局限的运动模式，成功地吸引了市民投身户外运动，激发了他们对科技健身的浓厚兴趣。

其中，交互式智能健身设备的引入为公园提供了一种新颖而富有趣味的运动选择。这些设备通过声光电技术，与用户进行互动，使运动不再是枯燥乏味的单一活动。例如，光感攀岩设备可以根据用户的动作反馈光影效果，创造出独特的攀岩体验。电竞足球则将传统足球与电竞元素相结合，使参与者在运动中感受到游戏的趣味，激发了他们对运动的积极性。

此外，竞速单车等设备也为休闲体育注入了新的活力。这些设备采用科技手段，如虚拟现实技术，使骑行变得更加刺激有趣。通过设备的智能化互动，参与者可以在运动中获得更加丰富的体验，激发了他们对户外运动的热情。

江滩公园通过引入这些交互式智能健身设备，成功地打破了传统运动的单调性，为市民提供了更为多元、富有趣味的休闲体育选择。科技与运动的结合不仅满足了人们对新颖体验的需求，还在一定程度上解决了城市居民运动不足的问题。这种科技健身的兴趣激发机制有望成为未来城市休闲体育的重要发展方向，为城市居民提供更加丰富的运动体验，促进健康生活方式的普及。

（二）总结与借鉴

将新型信息技术和创新理念应用于城市滨水景观设计，是智慧城市理念的有力体现。在这一理念的引领下，对健身设施的改进成为提高城市滨水景观的功能性和趣味性的重要途径。特别是通过智能灯光的运用，成功地解决了人们在视线不佳或夜间进行体育运动时的限制问题，为城市居民提供了丰富多样的运动方式。

智慧城市中的智能灯光系统不仅在视觉上丰富了景观的色彩，更在功能上提供了便利。这种系统的引入不仅丰富了夜间运动的体验，还增加了城市夜晚的活力。通过智能灯光的巧妙设计，城市滨水景观在夜间呈现出独特的美感，吸引更多市民参与户外活动。这种创新的设计不仅提高了生活质量，也更好地体现了以人为本的设计原则。

最后，智慧城市的理念还在城市水系的管理与利用方面发挥了积极作用。通过科技手段，城市能够智能地管理水系，提高其防洪能力，同时创造出更为优美的滨水景观。这种智能管理不仅提升了城市的整体形象，还更好地满足了居民对美好环境的需求。

总体而言，将智慧城市理念融入滨水景观设计是一种创新的尝试，成功地提升了城市滨水区域的功能性和吸引力。通过智能化技术的应用，城市滨水景观不仅在夜间展现出更为迷人的一面，也为居民提供了更为多样化的休闲活动选择。这一经验对于其他城市在滨水景观设计中的借鉴具有积极的启示意义，为城市规划和设计提供了有益的参考。

第 三 章

城市智慧景观技术与工具

第一节　智慧城市技术与应用概述

一、智慧城市技术的分类和特点

（一）物联网技术

物联网技术作为智慧城市的基石，通过连接城市中的各类传感器和设备，实现了实时数据的采集和传输，从而构建了一个广泛而深入的城市感知网络。其特点如下：

1.数据实时采集

物联网技术的显著特点在于其能够有效实现城市中各类传感器和设备对数据的实时采集。这一能力为城市管理者提供了即时、准确的信息，从而极大地协助他们更全面地了解城市的状况。物联网构建了一个涵盖城市各个方面的感知网络，通过连接传感器和设备，使城市管理者能够在第一时间获取到各类数据。

在实时数据采集方面，物联网技术通过将传感器部署于城市的关键节点，覆盖交通、环境、能源等多个领域，实现了全方位的监测和感知。例如，在交通领域，交通信号灯配备了传感器，可以实时监测道路流量和车辆行驶情况；在环境监测方面，空气质量传感器能够实时检测各个区域的空气质量指数；而在能源管理中，智能电表通过物联网技术实现了对电力使用情况的实时监测。

这种实时数据采集的优势为城市管理者提供了及时性的数据反馈，使其能够更快速地做出决策和采取行动。通过实时了解交通拥堵情况，管理者可以及时调整信号灯控制，优化交通流；通过实时监测环境数据，城市可以迅速应对空气污染等问题，采取相应的环境保护措施。这种实时性的数据采集不仅提高了城市管理的反应速度，也为及早发现和解决问题提供了有效手段。

2.广泛涵盖多个领域

物联网技术的应用广泛涵盖多个领域，不仅仅局限于某一特定领域，而是通过连接不同类型的传感器，实现了对城市各方面的全面监测和感知。这种广泛涵盖的特性使物联网技术在智慧城市的建设中发挥着重要的作用。

在交通领域，物联网技术通过连接交通信号灯、车辆传感器、道路监测器等设备，实现了对交通流量、车辆行驶状态等信息的实时监测。这种全面感知的能力使城市管理者能够更好地了解交通拥堵状况，有针对性地进行交通流优化，提高道路通行效率。

在环境监测方面，物联网技术通过连接空气质量传感器、噪声监测器等设备，实现了对城市空气质量、噪声水平等环境参数的全面监测。这使城市能够更加及时地察觉空气污染、噪声扰民等问题，采取相应的环保措施，提高城市居民的生活质量。

在能源管理方面，物联网技术通过连接智能电表、能耗监测设备等，实现了对能源使用情况的实时监测。这种全面感知的特性使城市能够更加精确地掌握能源消耗状况，有针对性地进行能源调度和管理，提高能源利用效率。

3.提升城市感知能力

物联网技术的广泛部署显著提升了城市的感知能力，使城市能够更加灵敏地对各种变化做出响应。这种感知能力的提升对于提高城市的安全性、便利性以及资源利用效率具有重要意义。

首先，通过连接各类传感器和设备，物联网技术实现了对城市各方面的实时监测和感知。在交通方面，车辆传感器、交通信号灯等设备的连接使城市能够实时获取交通流量、道路状况等信息。这有助于及时发现交通拥堵、事故等情况，实现交通智能优化。在环境方面，空气质量传感器、噪声监测器等设备的连接使得城市能够实时监测空气质量、噪声水平等环境参数，为环境保护提供科学依据。在能源方面，智能电表、能耗监测设备的部署实现了对能源使用情况的实时监测，有助于实现能源的精细化管理。

其次，物联网技术感知能力的提升对城市安全性的提高具有显著效果。通过实时监测城市各个领域的数据，城市管理者能够更及时地察觉安全隐患。例如，在交通领域，能够实时监测交通流量、事故发生情况，及时采取措施缓解交通压力，减少交通事故的发生。在环境方面，能够实时监测空气质量，及时采取措施减少空气污染，提高居民的健康水平。这种感知能力的提升有助于城市更好地应对各类突发事件，提高城市的整体安全性。

最后，物联网技术感知能力的提升还对城市的便利性产生积极影响。通过实时监测交通状况，城市居民可以更加智能地规划出行路线，避开拥堵路段，提高出行效率。在城市服务方面，通过感知能力的提升，政府能够更加精准地提供各类服务，例如智能城市导航、智能停车系统等，提升居民的生活便利性。

（二）大数据技术

大数据技术在智慧城市中发挥着关键作用，通过对城市中大规模数据的采集、存储和分析，揭示城市运行的模式和规律。其特点如下：

1.数据的规模化和多样性

大数据技术在智慧城市中具有处理规模庞大且多样化数据的显著特点。这项技术的关键优势在于其能够高效处理来自不同领域的数据，这些领域包括但不限于交通、气象、人口等。智慧城市的数据来源广泛，而大数据技术的灵活性和适应性使其能够应对这种多样性。

在交通领域，大数据技术能够处理大规模的交通流数据，包括实时交通状态、车流密度和路段拥堵情况等。通过对这些数据的分析，城市管理者可以制定更有效的交通规划，提高道路使用效率，减少交通拥堵，从而改善城市居民的出行体验。

气象数据也是智慧城市中不可忽视的一部分，大数据技术可以处理来自气象站、卫星等多个来源的气象数据。通过对气象数据的深入分析，城市能够更好地预测天气变化，有效应对自然灾害，提高城市的抗灾能力。

人口数据涵盖了居民的社会经济状况、居住地点等多个方面，大数据技术能够整合和分析这些数据，为城市规划和社会管理提供重要参考。通过对人口数据的深入挖掘，城市决策者可以更好地了解城市居民的需求，制定更有针对性的政策，提高城市的整体治理水平。

2.模式和规律的揭示

通过对大规模数据的深入分析，大数据技术具有揭示城市运行模式和规律的强大能力，为决策者提供科学依据，从而更好地理解城市的挑战并制定相应的发展策略。这一过程是智慧城市建设中至关重要的一环。

大数据技术可以通过对城市各个领域的数据进行整合和挖掘，揭示出城市运行的潜在模式。例如，在交通领域，通过分析大规模的交通流数据，可以识别出交通高峰时段、瓶颈路段以及交通事故的频发区域，从而揭示出城市交通运行的规律。这种规律的发现为交通管理部门提供了指导，使其能够有针对性地制订交通优化方案，提高道路使用效率。

另外，大数据技术还能够揭示城市的社会经济模式。通过对人口、就业、消费等多个方面的数据进行分析，可以了解城市居民的生活方式、消费习惯以及就业结构。这些模式的揭示为城市规划和发展提供了宝贵的信息，决策者可以根据这些信息制定更符合城市实际情况的政策，促进城市经济的可持续增长。

同时，大数据技术还有助于揭示环境方面的规律。通过对气象、空气质量、能源利用等数据的分析，可以发现城市的环境变化规律，包括季节性的气象变化、污染物排放的高峰时段等。这些规律的揭示为城市环境保护和可持续发展提供了科学基础，决策者可以依据这些规律采取相应的环境管理措施。

3.实现精细化管理

在大数据技术的支持下，智慧城市得以实现对城市各方面的精细化管理，从环境监测到交通流量，大数据的应用为城市管理带来了高效和精确的优势。这一技术的广泛应用为智慧城市建设注入了活力，并为城市管理者提供了更为科学的决策依据。

首先，大数据技术在环境监测方面发挥了重要作用。通过对大规模的环境数据进行收集和分析，包括空气质量、水质、噪声等方面的监测，城市管理者可以更加准确地了解城市环境的状况。这使城市管理者能够及时应对环境问题，采取有针对性的措施，提高城市的环境质量和居民的生活品质。

其次，大数据技术在交通管理领域的应用也是智慧城市中的一大亮点。通过对交通流量、道路拥堵情况、停车需求等数据的实时监测和分析，城市管理者能够制定更为智能的交通规划。这种精细化管理可以有效缓解交通拥堵，提高道路通行效率，同时为市民提供更便捷的出行体验。

最后，大数据技术还支持城市的资源管理和城市设施的运行维护。通过对城市能源、水资源、垃圾处理等方面的数据进行综合分析，城市管理者能够实现对资源的有效利用和合理分配，推动城市可持续发展。同时，在城市设施的运行维护方面，大数据技术可以通过预测性维护，提前发现设施的潜在问题，减少因设施故障带来的不便和损失。

（三）人工智能技术

人工智能技术为智慧城市增添了智能化的元素，应用于智能决策、语音识别、图像识别等领域，提高了城市系统的自动化水平。特点如下：

1.智能决策

在智慧城市中，人工智能技术的应用不仅仅局限于数据的收集和处理，更进一步实现了智能决策的能力。通过对大数据的深度分析和机器学习算法的应用，人工智能系统能够为城市管理者提供更为智能、科学的决策支持，从而提高城市运行的效率。

首先，人工智能技术通过对城市中大规模数据的深度学习，能够发现数据中的模式和规律。这种数据挖掘的能力使城市管理者能够更好地了解城市运行的趋势，预测未来可能发生的情况。例如，在交通管理中，人工智能系统可以分析历史交通数据，预测未来可能发生的交通拥堵情况，帮助管理者制定更为合理的交通流控策略。在环境保护方面，人工智能系统可以通过大数据分析，预测空气质量、水质状况等环境参数的变化趋势，为环境管理者提供科学依据。

其次，人工智能技术在智慧城市中能够进行智能决策的关键在于机器学习算法的应用。通过对历史数据的学习，人工智能系统能够不断优化自身的模型，更好地适应城市的变化。在城市规划和发展中，人工智能系统可以模拟不同发展方案的可能影响，帮助决策者制定更为科学的城市规划。在资源分配方面，人工智能系统可以根据实时数据进行智能调度，优化资源利用效率。例如，在能源管理中，通过对能源使用情况的学习，人工智能系统可以制订更为智能的能源调度方案，提高能源利用效率。

2.语音识别和图像识别

在智慧城市的框架下，人工智能技术的语音识别和图像识别成为关键的应用领域，为城市系统提供了更智能的交互和监测功能。

语音识别技术在智慧城市中得到广泛应用，使人们能够通过语音与城市系统进行自然而便捷的交互。居民和城市管理者可以通过语音命令获取城市信息、查询服务，甚至控制智能设备。例如，在交通管理中，居民可以通过语音查询公共交通信息，获取实时路况和交通建议。在公共服务方面，语音识别技术也为居民提供了更便利的途径，如语音查询医疗服务、教育资源等，提升了城市居民的生活体验。

图像识别技术在智慧城市监管中发挥着关键作用。通过安装摄像头和图像识别系统，城市能够实时监测和识别城市中发生的各种事件。在交通管理中，图像识别技术可用于识别交通违规行为，监控交叉口流量，提高交通安全性。在公共安全领域，图像识别技术可以检测异常行为、监控重要场所，为城市安全提供及时的响应。此外，图像识别还可以应用于环境监测，如检测空气质量、监测垃圾分类等，实现城市智能环境的管理。

这两项技术的应用提升了城市系统的智能化水平。语音识别使居民与城市系统的互动更加直观和高效，提高了城市服务的智能程度。图像识别技术则通过实时监测和识别，加强了城市对各种事件的感知和响应能力，提升了城市监管的智能水平。

3.自动化水平的提高

人工智能技术的广泛应用不仅提升了城市系统的智能化水平,同时也带来了城市自动化水平的显著提高。从智能交通管理到智能家居,人工智能的引入使城市中的各个系统能够更好地适应和满足居民的需求,实现了更高效的自动化运行。

在智能交通管理方面,人工智能技术的应用使城市交通系统更加智能化和自适应。通过实时监测道路状况、交通流量,智能交通系统能够优化信号灯控制、调整交叉口通行方式,从而缓解交通拥堵,提高道路通行效率。自动驾驶技术的发展也是人工智能在交通领域的一大创新,为实现智能交通提供了新的可能性,同时降低了交通事故的风险。

在智能家居领域,人工智能技术的普及使居民能够享受到更为智能、便捷的生活。智能家居系统通过学习和适应居民的生活习惯,实现对家居设备的自动化控制。例如,智能温控系统可以根据居民的习惯自动调整室内温度,智能安防系统可以实时监测家庭安全状况并自动采取应对措施。这些智能化的家居系统不仅提高了居民的生活质量,同时也节省了能源资源,实现了更加智能和可持续的生活方式。

人工智能技术的应用还涵盖了城市其他领域,如智能医疗、智能教育等,进一步提高了城市系统的自动化水平。通过深度学习、模式识别等技术手段,人工智能系统能够更好地理解和预测居民的需求,为城市提供更加智能、高效的服务。这种自动化水平的提高不仅使得城市运行更为顺畅和高效,同时也为居民创造了更为便利和宜居的生活环境。

二、技术在城市发展中的应用

(一)交通领域

1.智能交通系统的实时监测与优化

在当代城市管理中,智能交通系统的实时监测与优化发挥着至关重要的作用。这一系统通过在城市各处部署大量传感器和监控设备,能够实时监测道路的状况、车流量以及拥堵情况等信息。这种实时数据的采集为交通管理者提供了及时、准确的城市交通状况,为其提供科学依据,使其能够迅速做出相应的调整和优化。

在智能交通系统的运作中,最为显著的优势之一是其对信号灯控制的智能优化。通过实时监测交叉口和道路的车流情况,系统可以自动进行信号灯的优化控制,以最大限度地提高道路通行效率。例如,在交通高峰期,系统可以实时调整信号灯的时长，使主要道路的通行能够更加流畅，从而有效缓解交通拥堵。这种智能信号灯控制不仅提高了整体交通运行的效率，还为驾驶者和行人提供了更加便捷和高效的出行体验。

最后，智能交通系统还通过实时监测和分析拥堵情况，自动采取更为智能的交叉口通行方式的调整。通过调整交叉口的通行顺序或采取灵活的交叉口控制策略，系统可以更好地适应不同时间段、不同区域的交通需求，提高整体道路通行效率和速度。这种智能交叉口管理方式使城市交通系统更具适应性和灵活性，能够更好地满足日常交通的复杂需求。

2.自动驾驶技术的创新

随着自动驾驶技术的不断创新，城市交通管理正经历着一场全新的变革。自动驾驶汽车作为一种前沿技术，通过先进的感知、实时决策和车辆控制系统，极大地提高了交通运输效率，并在很大程度上减少了交通事故的发生。这一技术的应用将在未来对城市交通系统产生深远的影响，为构建更加安全、高效的交通环境奠定了坚实的基础。

自动驾驶技术的创新主要体现在其对感知、决策和控制三个关键环节的不断提升。首先，自动驾驶汽车通过使用激光雷达、摄像头、超声波传感器等多种传感器，实时感知周围的道路状况、交通标志、其他车辆和行人等信息。这种高度智能化的感知系统使汽车能够全方位、高精度地获取环境信息，为后续的决策和控制提供了充分的数据支持。

其次，自动驾驶技术在决策层面的创新主要表现为车辆对感知到的信息进行实时分析和判断，并做出相应的驾驶决策。通过深度学习、机器学习等先进的人工智能技术，车辆可以模拟人类驾驶员的决策过程，包括规划行车路线、遵守交通规则、做出紧急反应等。这种实时决策的能力使自动驾驶汽车能够更加灵活、高效地适应不同的交通场景，提高了整体交通系统的运行效率。

最后，自动驾驶技术在车辆控制方面的创新主要体现在对车辆动作的精准控制。通过电子控制单元（ECU）和先进的执行机构，自动驾驶汽车可以实现精准的加速、制动、转向等动作，确保车辆在复杂的交通环境中能够稳定行驶。这种高度自动化的车辆控制系统大大提高了行车的安全性和稳定性，有效降低了交通事故的风险。

（二）环境保护

1.大数据技术在空气质量监测中的应用

大数据技术在环境保护方面，尤其是在空气质量监测领域发挥着至关重要的作用。通过大规模数据的采集和深度分析，城市管理者能够实现对不同地区空气质量的实时监测，从而为制定针对性的环境保护策略提供科学依据。这种精准监测能力为城市环境管理带来了新的可能性，有助于更早地发现污染源，采取有针对性的措施，推动城市朝着更加清洁和可持续的方向迈进。

大数据技术在空气质量监测中的应用主要表现在以下几个方面：

首先，大数据技术通过部署空气质量传感器和监测设备，实现了对城市各个地区空气质量的实时监测。这些传感器可以感知空气中的各种污染物浓度，包括颗粒物、二氧化硫、一氧化碳等。通过传感器的数据采集，城市管理者能够获取全面、准确的空气质量信息，为环境保护决策提供实时的科学依据。

其次，大数据技术通过对采集到的大量空气质量数据进行分析，揭示了城市空气质量的模式和规律。这种数据分析能力有助于识别不同季节、不同天气条件下空气质量的变化趋势，为环境管理者提供更深层次的认识。通过对数据的挖掘，可以发现潜在的污染源及预测污染物扩散情况，为精准治理提供支持。

再次，大数据技术的应用使空气质量监测能够实现更广泛的空间覆盖。通过网络化的传感器系统，城市各个角落的空气质量都能够被监测到，而不仅仅局限于少数监测点。这种广泛的监测覆盖使城市管理者能够更全面地了解整个城市的环境状况，有助于有针对性地进行治理和改善。

最后，大数据技术的应用促进了空气质量信息的公开和共享。通过建立数字化的信息平台，城市居民可以实时获取空气质量数据，了解周围环境的健康状况。同时，这也为社会各界提供了参与环境监测和保护的途径，推动公众参与环保的意识和行动。

2.垃圾处理的智能化管理

大数据技术在垃圾处理领域的应用为垃圾收集和管理带来了智能化的变革。通过部署传感器监测垃圾桶的填充情况，实现了垃圾收集的智能化管理，为城市垃圾处理系统注入了更高效、可持续的元素。这一技术创新有助于优化垃圾车的路线，提高垃圾收集效率，同时减少了车辆排放，从而促进城市环境的更可持续管理。

首先，大数据技术通过在垃圾桶中安装传感器，实现了实时监测垃圾桶的填充情况。这些传感器能够感知垃圾桶内垃圾的高度和容量，通过数据传输将这些信息反馈给垃圾处理系统。这种实时监测的能力使城市管理者能够准确了解每个垃圾桶的填充程度，避免了盲目按照固定的计划进行垃圾收集，提高了垃圾收集的精准性和效率。

其次，基于大数据技术的智能化管理系统能够通过分析实时垃圾桶数据，优化垃圾车的路线。系统能够根据各个垃圾桶的填充情况、距离和道路状况等因素，智能规划最优的垃圾收集路线。这种优化路线的制定不仅减少了垃圾车的行驶距离和时间，还最大限度地提高了垃圾车的装载率，进一步提高了垃圾收集的效率。

再次，智能化垃圾管理系统还能够提供实时的垃圾桶状态信息，让城市管理者能够在必要时进行及时调度。例如，对于某个区域的垃圾桶填充情况较为紧急时，管理者可以通过系统的报警功能及时调配更多的垃圾车前往收集，确保城市整体垃圾处理系统的平稳运行。

最后，大数据技术的应用还能够减少垃圾车的行驶路程，从而降低了车辆的碳排放。通过智能化管理系统的路线优化和实时监测，垃圾车可以更加精准地到达各个垃圾桶收集点，避免了不必要的行驶。这不仅减轻了城市交通压力，还符合可持续发展的环保理念。

（三）城市规划

人工智能技术在城市规划中充当着模拟和预测的关键角色，为规划者提供了强大的工具来更科学、更准确地规划城市的未来。通过借助人工智能系统，规划者能够进行多方面的模拟，预测不同的发展情景，从而更好地理解城市发展的可能方向。

首先，人工智能系统能够模拟城市的各种因素，包括人口增长、经济发展、土地利用等。通过对这些因素进行模拟，规划者可以观察不同情景下城市的变化，了解各种因素之间的相互影响。这种模拟过程不仅提供了对当前城市状态的全面认识，还使规划者能够预测未来可能的发展趋势。

其次，人工智能技术能够利用大数据进行城市规划的预测。通过分析历史数据和当前趋势，系统可以预测未来城市的发展方向。例如，系统可以预测哪些区域可能成为城市增长的热点，哪些领域可能面临发展瓶颈。这种基于数据的预测有助于规划者在制定长期规划时更好地考虑城市的动态变化。

在模拟和预测的过程中，人工智能系统还能够考虑多个变量之间的复杂关系，帮助规划者更好地了解城市系统的整体运行。例如，系统可以分析不同基础设施建设对城市交通、环境、经济等方面的影响，为规划者提供更全面、系统的信息。

这种科学的规划方法为城市的长期发展提供了有力的支持。规划者可以基于人工智能系统的模拟和预测结果，制订更具前瞻性和可行性的规划方案。这样的规划更加贴合实际需求，提高了城市规划的科学性和精准性。

第二节 智慧景观设计与规划常用技术与工具

智慧景观设计和规划常用技术与工具包括以下几种。

一、GIS（地理信息系统）

（一）GIS 在智慧景观设计和规划中的应用

1.GIS 的概述及在智慧景观设计中的重要性

地理信息系统（GIS）是一种基于计算机技术的工具，广泛应用于智慧景观设计和规划领域。其关键作用在于帮助设计师有效地收集、整合和分析有关土地利用、交通网络、环境质量等地理空间数据。GIS 的引入使景观设计更具科学性和准确性，为决策者提供了可视化、直观的信息支持。

2.地理空间数据的综合利用

在智慧景观设计中，GIS 通过整合多源地理空间数据，包括卫星影像、地形数据、人口统计数据等，为设计师提供了全面的信息基础。通过对这些数据的深度分析，设计师可以更好地了解城市的地理特征和变化趋势，为精细化的景观规划提供科学依据。

3.空间分析技术的应用

GIS 以其独特的空间分析技术成为智慧景观设计不可或缺的一部分。通过对地理空间数据进行分析，设计师能够发现土地利用模式、环境特征的空间分布等规律，从而为景观设计提供更深入的见解。这种空间分析的技术优势使设计师能够更加科学地选择合适的景观元素和布局，提高景观设计的效果和可持续性。

4.决策支持系统的构建

GIS 不仅仅是一个数据处理工具，还是一个强大的决策支持系统。通过整合地理信息，GIS 可以为决策者提供可视化的地理空间信息，帮助他们更好地理解城市的状况。决策者可以借助 GIS 的分析功能，更准确地评估各种景观规划方案的影响，为城市未来发展提供战略指导。

（二）空间分析和决策支持的优势

1.GIS 在空间分析中的优越性

GIS 的优势主要体现在其对地理空间数据进行存储、分析和管理的能力上。

在空间分析中，GIS能够识别出土地利用的模式、交通网络的瓶颈等关键信息。这种优越性使设计师能够更全面地了解景观特征，从而为精细化的景观规划提供科学支持。

2.空间数据的准确性与可视化程度的提升

GIS的数据准确性是其优势之一。通过GIS系统处理的地理空间数据具有高度的准确性，这为景观设计提供了可靠的数据基础。同时，GIS在数据的可视化方面也表现出色，使设计师和决策者能够更清晰、直观地理解城市的地理特征和潜在问题。

3.决策制定的科学依据

在智慧景观设计和规划中，决策者依托GIS系统所提供的详细地理信息，更准确地评估各种方案的影响。GIS通过可视化呈现和空间分析，为决策者提供科学依据，使其能够更明智地制定景观规划决策，推动城市可持续发展。

4.智慧城市规划中的战略指导

GIS的应用为智慧城市的规划提供了战略指导。通过对空间数据分析的结果进行深入解读，决策者能够更好地理解城市的发展趋势和潜在挑战，从而形成科学的规划策略。这种战略指导的制定有助于城市规划更加符合实际需求，推动城市向智慧化和可持续发展的目标迈进。

二、CAD（计算机辅助设计）

（一）智慧景观设计中CAD的角色

1.CAD的概述及在智慧景观设计中的重要性

计算机辅助设计（CAD）作为一种专业工具，在智慧景观设计中扮演着不可或缺的角色。CAD的主要功能包括绘制、编辑和呈现设计方案，为设计师提供了强大的数字化平台。其在智慧景观设计中的应用不仅提高了工作效率，还增强了设计方案的可视化和沟通效果。

2.绘制和编辑功能的应用

CAD在景观设计中的首要任务是绘制和编辑设计方案。通过CAD的绘图功能，设计师能够快速、精准地创建景观元素的平面图。这有助于设计师将创意迅速转化为可视化的设计方案，为后续的分析和评估提供基础。

3.虚拟现实渲染的实时视觉呈现

CAD的重要性进一步体现在其支持虚拟现实渲染的能力上。通过CAD的建模和渲染功能，设计师可以实时生成景观设计的三维模型，并通过虚拟现实技术呈现给相关方。这种实时的视觉呈现使设计方案更具沉浸感和真实感，为决策者提供了更具体的感知，有助于提前发现和解决潜在问题，提高设计的质量和可行性。

4.CAD 在精细化设计和优化中的作用

CAD 的应用使景观设计更容易实现精细化并不断优化。通过 CAD 的编辑功能，设计师可以对设计方案进行灵活调整，快速应对变化。这有助于在设计过程中不断优化方案，确保最终的景观设计能够充分满足各方面的需求，包括美学、功能性和可持续性。

（二）虚拟现实渲染的实时视觉呈现

1.虚拟现实渲染技术的概述

虚拟现实渲染技术作为 CAD 的延伸，为智慧景观设计提供了强大的实时视觉呈现能力。通过将 CAD 建模数据与虚拟现实技术结合，设计师可以在虚拟环境中亲身体验设计方案，而决策者也能够更直观地了解设计效果。

2.实时视觉呈现的优势

虚拟现实渲染的实时视觉呈现具有明显的优势。设计师和决策者能够在虚拟环境中漫游，以更真实的方式感知景观设计的各个方面。这种实时的交互体验有助于发现设计中的问题或改进的空间，提高设计质量和用户体验。

3.在决策过程中的应用

虚拟现实渲染不仅仅是为了设计师的创作和沟通，也在决策过程中发挥关键作用。决策者通过虚拟现实环境能够更深入地理解设计方案，对其影响和效果有更清晰的认识。这有助于形成共识，加速决策过程，推动项目的迅速实施。

三、BIM（建筑信息模型）

（一）BIM 在智慧景观设计中的应用

1.BIM 的概述及在智慧景观设计中的关键作用

建筑信息模型是一种基于三维建模的工具，其在智慧景观设计和规划中扮演着至关重要的角色。BIM 的主要功能包括创建和管理景观元素的三维模型，实现了场景漫游、可视化呈现和冲突检测等功能。这种综合性的模型管理使设计师能够更全面地考虑各个景观元素的关系和效果，推动设计的集成和协同发展。

2.三维模型的创建和管理

BIM 的首要任务是创建和管理景观元素的三维模型。设计师可以利用 BIM 工具将景观中的各个要素，如植物、建筑、道路等，以三维形式进行建模。这种三维模型的创建为设计师提供了更直观、立体的设计平台，有助于更准确地表达设计意图。

3.场景漫游的实现

BIM在智慧景观设计中的独特之处在于其支持场景漫游的能力。设计师可以利用BIM模型进行虚拟漫游，仿佛置身于实际场景中。这种虚拟漫游使设计师能够更深入地感知景观布局和元素之间的关系，从而更好地优化设计方案，确保设计在实际应用中能够达到预期效果。

4.可视化呈现的综合性优势

BIM的另一大优势在于可视化呈现的综合性。通过BIM工具，设计师能够以高度逼真的方式呈现景观设计方案。这种可视化呈现不仅为设计师提供了更清晰的设计反馈，同时也为决策者提供了更直观的参考，有效促进设计方案被理解和接受。

（二）场景漫游和可视化呈现的优势

1.场景漫游的实际意义

BIM支持的场景漫游在智慧景观设计中具有重要的实际意义。通过场景漫游，设计师可以模拟用户在实际景观中的行为和体验。这种实际模拟有助于设计师更全面地考虑用户需求，优化景观布局，提高景观设计的用户满意度。

2.可视化呈现的直观体验

BIM的可视化呈现为设计师和决策者提供了更直观的体验。设计师能够在虚拟环境中感受景观设计的外观、光影效果等方面，从而更准确地调整设计方案。决策者则能够以更直观的方式理解设计方案，为决策提供可视化依据。

3.协同设计的推动力

BIM的可视化呈现和场景漫游功能推动了协同设计的实现。设计团队的成员可以共同参与虚拟环境中的设计评审，共同发现和解决问题。这种协同设计的推动力有助于提高设计质量，加速设计过程，推动项目向前高效推进。

4.决策支持的提升

BIM的可视化和漫游功能提升了决策的支持能力。决策者能够更深入地理解设计方案，通过实际体验虚拟环境，更全面地评估设计的优劣。这种提升的决策支持有助于形成共识，加速决策流程，推动项目的顺利实施。

5.用户参与和满意度的增强

BIM的可视化和漫游功能对用户参与和满意度的增强起到关键作用。通过虚拟漫游，用户能够更直观地感受景观设计，提出反馈意见。这种用户参与的增强有助于设计方案更贴近实际需求，提高用户满意度，推动设计朝着对用户更加友好的方向发展。

四、IoT（物联网）

（一）物联网技术在智慧景观设计中的角色

1.IoT 技术的概述及其在智慧景观设计中的重要性

物联网作为一种连接传感器和设备并实现数据共享技术，为智慧景观设计和规划提供了全新的可能性。在景观设计中，IoT 技术的应用不仅仅是数据的收集和传输，更是为城市提供了智能监测和控制手段。这种智能化监测与控制手段为城市管理者提供了准确、实时的数据支持，从而优化城市的运行管理和资源利用。

2.智能化监测的数据收集与分析

IoT 技术通过连接各类传感器，实现对景观设计要素的智能监测，进而实现实时数据的收集。在景观中，这意味着可以收集关于交通流量、环境污染、能源消耗等方面的数据。这些数据通过 IoT 网络传输至中央系统进行分析和处理，为设计师和城市管理者提供了准确而详尽的信息，有助于更科学地理解景观的现状和需求。

3.实时数据的精确性与可靠性

IoT 技术的一个显著特点是提供实时的数据反馈，而在景观设计中，这种实时性具有关键的意义。通过 IoT 传感器的实时监测，设计师和城市管理者可以获取植物的生长状态、人流的密度、环境参数的变化等即时信息。这种精确而可靠的实时数据为决策者提供了准确的基础，使设计和管理决策更加科学和有效。

（二）智能监测与资源优化的协同作用

1.智能监测的实际应用场景

IoT 技术通过智能监测的实际应用，在景观设计中发挥着协同作用。例如，在城市公园中部署传感器，可以实时监测植物的生长状况、游客流量等数据。这种实时监测不仅有助于设计师更好地了解公园的运行状态，还为公园的维护和规划提供科学依据。通过 IoT 的实际应用，设计师能够在设计中更好地考虑实际运行和使用情况，推动景观设计与城市实际需求更好地契合。

2.资源优化的智能控制

IoT 技术的应用还可以实现对城市资源的优化与利用。通过对能源、水资源等数据的实时监测和分析，城市管理者可以智能调控这些资源合理使用。例如，在夜间或天气阴暗时，智能照明系统可以自动调节亮度，实现能源的有效利用。

这种智能控制不仅有助于降低能耗，还推动城市朝着可持续发展的目标迈进。

第三节　城市数据分析与应用

数据分析在城市智慧景观中具有重要性，通过对城市各类数据的分析，可以了解居民的行为习惯、活动轨迹、对景观的偏好等信息。这为精准的景观设计和规划提供了基础。数据分析还能揭示城市的运行规律，为城市管理和决策提供科学支持。

一、数据分析在城市智慧景观中的重要性

（一）数据分析在城市智慧景观中的关键作用

在城市智慧景观设计中，数据分析不仅仅是对城市各类数据的简单处理，更是一种深入理解城市居民行为、活动轨迹和景观偏好的关键工具。这种分析为设计师提供了关键信息，为精准的景观设计和规划提供坚实的基础，从而使设计更符合实际需求，提高设计的实用性和用户满意度。

1.数据分析在城市景观设计中的核心地位

在城市景观设计中，数据分析占据着核心的地位，因为城市景观的本质是以人为本。数据分析作为一种关键的工具，为设计师提供了深刻理解城市居民需求和行为的途径。通过对各类数据的综合分析，设计师得以全面把握城市的脉络，从而为创造宜人的城市环境提供有力支持。

在以人为本的城市景观设计理念下，了解居民的需求至关重要。数据分析通过对人们的行为模式、偏好和活动轨迹等多方面信息的研究，为设计师提供了深入了解城市居民的机会。这种深度理解是设计过程中不可或缺的，因为只有真正了解居民的需求，设计师才能够提供更加贴近实际、满足人们期望的景观设计。

数据分析的综合性也体现在对城市脉络的把握上。通过对城市各类数据的分析，设计师能够获取城市发展的动态信息，包括人口流动、社会经济状况、环境质量等多方面因素。这些数据为设计师提供了城市的整体情况，使其能够更全面地考虑城市的未来发展方向，为景观设计提供战略性支持。

在数据驱动的城市景观设计中，设计师可以利用数据分析来识别和理解城市的特殊需求和问题。例如，通过分析人流分布数据，可以确定人口密集区域，从而更好地规划公共空间；通过社交媒体数据的挖掘，可以了解居民对不同场所的

评价，为景观设计提供实时反馈。这种定制化的数据分析方法使设计更加精准，更符合城市实际的需求。

2.数据分析在景观设计中的应用范围

数据分析在景观设计中的应用范围全面而广泛。这种分析不仅仅局限于居民行为、活动轨迹和景观偏好的研究，而是涵盖了众多关键方面，为设计师提供了更为全面、深入的信息，从而有助于制定更具针对性的设计策略。

首先，居民行为是数据分析的重要对象之一。通过对居民的移动轨迹、社交媒体活动等数据的深入挖掘，设计师能够全面了解城市居民在特定区域的活动规律和流动性。这种信息不仅能够揭示人们在城市中的日常行为，还能为公共空间和交通系统的规划提供实际依据，从而创造更加贴近居民需求的城市环境。

其次，活动轨迹的分析也是数据应用的重要方面。通过对城市居民在不同时间段的活动轨迹进行深入研究，设计师可以把握城市中的热点区域和流动路径。这对于规划公共设施、商业区域和休闲空间等有着直接的指导作用，使景观设计更加符合居民的实际活动需求，提高城市环境的适应性。

最后，景观偏好的分析也是数据分析在景观设计中的重要应用领域。通过对调查数据、在线反馈等信息的分析，设计师能够了解不同层次的群体的景观偏好。这为个性化的景观设计和定制化规划提供了依据，使城市景观能够更好地满足多样化需求，提高市民对城市环境的认同感和满意度。

（二）居民行为习惯与活动轨迹的深入洞察

数据分析为城市设计师提供了深入洞察居民行为习惯和活动轨迹的机会。通过对移动轨迹、社交媒体活动等数据的综合分析，设计师可以全面了解居民在城市中的流动性和互动性。这些信息有助于设计师更好地考虑人流集中区域、社交活动热点等，从而优化景观设计，创造更具吸引力的城市环境。

1.移动轨迹数据分析

移动轨迹数据分析在城市景观设计中具有重要意义。通过系统收集和深入分析居民的移动轨迹数据，设计师能够深刻洞察城市中人们的常用路径和流动趋势。这一深入了解有助于合理规划城市的道路和交通系统，从而提高城市的整体交通效率。

移动轨迹数据的分析为设计师提供了关键信息，使其能够理解人们在城市中的行为模式。通过对不同时间段和地点的移动轨迹进行综合分析，设计师可以识别出人们在城市中的常用路径。这有助于规划主干道路和次要道路，使其更符合人们的出行需求。同时，对于拥挤的区域，可以通过调整交通流向，分流人群，缓解交通压力，提升城市交通的整体运行效能。

除了规划道路，移动轨迹数据分析还能够为城市的交通系统设计提供指导。通过分析人们在不同时间段的流动趋势，设计师可以更好地了解城市的交通高峰时段和低谷时段。这使交通系统能够更加智能地应对不同时间段的交通需求，提高城市的整体可持续性。

值得注意的是，移动轨迹数据分析还可以考虑非机动交通工具，如步行和自行车。通过了解人们步行和骑行的常用路径，设计师能够优化城市的步行道和自行车道，提供更安全、便捷的出行选择。这有助于促进可持续出行方式的采用，减少对汽车交通的依赖，从而降低城市的碳排放，促进城市生态平衡。

2.社交媒体活动数据分析

社交媒体活动数据分析在城市景观设计中具有重要的战略性意义。通过深入研究和分析城市居民的社交媒体活动数据，设计师得以了解城市居民的社交行为和活动热点。这一深入了解为景观规划提供了宝贵的线索，使设计师能够更全面地考虑社交活动区域和公共空间布局，从而创造更具社交互动性的城市环境。

社交媒体活动数据分析为设计师提供了对城市社交行为的实时洞察。通过监测居民在社交媒体平台上的活动，设计师能够了解人们在城市中的社交互动模式。这包括他们常去的地点、喜好的社交活动类型以及人群聚集的趋势。这些数据为设计师提供了深入了解城市社交结构和人际关系网络的机会，有助于规划出更贴近实际需求的公共空间。

通过结合社交媒体数据，设计师可以精准地满足居民的社交需求。了解人们在社交媒体上的喜好和活动偏好，设计师能够精准定位社交活动区域和公共空间的设计元素。这种个性化的设计方法有助于提高城市的社交互动性，使公共空间更具吸引力和活力。

最后，社交媒体活动数据的分析还能够为设计师提供实时的社交热点信息。通过识别出热门的社交活动和聚集地点，设计师可以更好地规划城市的公共活动场所。这有助于创造更具有社交吸引力的城市环境，促进居民之间的互动和交流。

（三）景观偏好的个性化分析与定制设计

数据分析在揭示居民对景观的偏好方面发挥着关键作用。通过分析调查数据、在线反馈等信息，设计师可以了解不同层次的群体的景观偏好。这为个性化的景观设计和定制化规划提供了指导，使城市景观更好地满足居民的多样化需求，提高市民对城市环境的认同感和满意度。

1.调查数据分析

设计调查问卷并进行调查数据分析是一项关键的研究方法，在城市景观设计中具有重要的学术和实践价值。首先，通过设计精心构建的调查问卷，设计师能够全面了解居民对于不同景观元素的偏好和观感。这包括但不限于绿化程度、公共艺术品、座椅布局等多个方面，为设计师提供了深入洞察城市居民的审美趋向和需求。

其次，调查数据分析使设计师能够获知符合大多数人喜好的设计方案。通过对调查数据的综合分析，设计师可以识别出受欢迎的景观元素和设计风格。这有助于制定更具吸引力和普遍认同度的景观设计，从而提高设计的社会可接受性。例如，如果调查数据显示大多数居民偏好自然环境，设计师可以加强公共绿化和自然景观的规划，以满足广泛的偏好。

再次，调查数据分析也能够为设计提供关于个体差异的洞察。通过细致的分层分析，设计师可以了解不同年龄群体、文化背景、职业等因素对景观偏好的影响。这种细致的差异性分析有助于制定更为个性化的设计策略，以满足不同群体的需求。例如，对于年轻人群体，可能更偏好具有创新性和充满活力的设计元素，而对于老年人群体，则更注重舒适性和安静的设计。

最后，调查数据分析不仅关注居民的喜好，还可以深入挖掘其背后的动机和期望。通过对开放式问题的分析，设计师可以了解居民对于城市景观的期望和愿景。这有助于设计师更好地理解居民的情感连接，为设计注入更为深刻的人文关怀，从而提升城市景观的整体品质。

2.在线反馈数据分析

首先，在线反馈数据分析是城市景观设计中一项关键的实践方法，其在设计过程中具有独特的实时性和灵活性。通过搭建在线反馈系统，设计师能够获得居民对当前景观设计的实时评价和建议。这种实时性使设计团队能够快速了解居民的反馈，及时捕捉问题和争议点，为快速调整和改进提供了实质性的支持。

其次，在线反馈数据的分析使设计师更深入地了解居民的期望和需求。通过对在线反馈的内容进行文本分析，设计师可以挖掘出居民对景观设计的喜好、不满和期望。这有助于识别出设计中存在的问题，并为进一步的设计决策提供更为具体和实际的参考。例如，如果居民普遍对某个景观元素表示不满意，设计师可以有针对性地进行修改，提高居民的满意度。

再次，在线反馈数据的分析为设计团队提供了构建公共参与和决策的机会。通过分析在线反馈数据，设计师可以确定哪些设计元素得到了居民的广泛支持，从而形成共识。这有助于将居民纳入设计过程，增强设计的社会可接受性和民主性。设计团队可以通过反馈数据的分析，理解不同群体的观点和期望，以更好地反映城市多元文化的特点。

最后，在线反馈数据的分析也为设计师提供了持续改进的机会。通过建立反馈数据的持续收集和分析机制，设计团队能够进行设计方案的迭代和优化。这种循环反馈机制使得设计师能够不断提高设计的质量和适应性，确保城市景观与居民的期望保持一致。

二、数据分析揭示城市的运行规律

（一）基础设施利用与交通流量的空间分析

城市的基础设施利用与交通流量的空间分析是数据分析在揭示城市运行规律中的关键一环。通过深入研究基础设施的利用情况，设计师和城市规划者能够发现城市中不同区域的热点和拥堵情况。这种分析为优化基础设施布局和改善交通流畅性提供了科学依据，推动城市朝着更高效、更宜居的方向发展。

首先，在基础设施利用的空间分析中，可以通过移动轨迹数据等信息，了解不同区域的人口流动状况。这有助于确定人口密集区域和热点地带，指导基础设施的优化布局。例如，如果某个区域的交通流量高，设计师可以考虑增加交通枢纽或改善道路网络，以提高交通效率。其次，交通流量的空间分析可以帮助揭示城市中的交通拥堵情况。通过对不同区域的交通流量进行综合分析，可以识别出高峰时段和常见的拥堵瓶颈。这为规划交通管理策略提供了依据，例如，设立交通管制区域或引入智能交通系统，以减缓拥堵状况，提高整体交通效率。最后，在基础设施利用与交通流量的空间分析中，还可以结合城市功能区划，了解不同区域的用地性质和功能需求。这有助于制订更具针对性的基础设施建设计划，使城市的基础设施更好地满足居民的实际需求，推动城市的可持续发展。

（二）环境参数的时空变化分析

1. 空气质量监测与改善

空气质量监测与改善是城市管理中至关重要的方面。通过对城市不同区域空气质量的时空变化进行深入分析，可以有效识别出高污染区域和高风险时段。这为城市管理者提供了战略性的信息，有助于制定科学合理的空气质量改善措施，从而推动城市迈向更清洁、更健康的方向发展。

在空气质量监测方面，数据分析扮演着关键角色。通过对大量的监测数据进行综合分析，可以揭示出城市中存在的污染状况及其时空分布规律。这种分析能够准确识别出空气质量较差的区域，为城市管理者提供了针对性的信息，使其能够有针对性地采取改善措施。

识别高污染区域后，城市规划者可以根据数据分析的结果来调整城市规划布局。例如，在高污染区域增加绿化带，引入植被覆盖来吸收空气中的有害物质。这不仅有助于改善当地空气质量，还提升了城市的生态环境质量，促进了城市的可持续发展。

数据分析还能够帮助管理者确定高风险时段，即污染物浓度较高的时间段。在这些时段，采取有针对性的措施，例如，加强工业企业排放监管、限制交通流量等，以减少污染物的排放，有效改善空气质量。这种时空变化分析为城市管理者提供了在关键时刻采取有效措施的科学依据。

2.气象数据分析与城市规划

气象数据分析在城市规划中具有重要作用。通过深入研究城市的温度和湿度等气象参数的时空变化，可以全面了解城市的气候特征，从而为城市规划者提供科学依据，推动城市向着更宜居的方向发展。

时空变化分析涵盖了城市气象参数的多个方面，其中包括温度。通过对城市温度数据的深度分析，规划者能够识别城市的热岛效应。热岛效应是城市相对于周边农村地区温度更高的现象，主要由城市建设、人类活动和大面积铺装等因素引起。通过对不同城市区域温度的时空分布进行详细分析，规划者可以确定热岛效应的程度和分布规律，为城市设计提供针对性建议，以减缓热岛效应的影响。

湿度是另一个重要的气象参数，直接关系到城市居民的生活舒适度。数据分析可以揭示城市湿度的时空变化规律，帮助规划者了解城市不同季节和时间段的湿度特点。这对于设计城市的绿化和水域系统、选择合适的植被类型等方面具有指导意义，以提高城市居民的生活品质。

综合考虑温度和湿度等气象参数的分析结果，城市规划者可以在城市设计中更全面地考虑气候因素。例如，在热岛效应较为显著的区域，可以增加绿化覆盖率，引入自然通风设计，以降低城市温度。对于湿度较高的区域，规划者可以设计合理的排水系统，预防水患，提高城市的防灾能力。

3.生态系统演变规律

生态系统演变规律的深刻理解是通过数据分析来实现的。数据分析可监测城市中植被覆盖、水体变化等环境参数的时空变化，为了解城市生态系统的演变规律提供了强有力的科学手段。这为城市管理者提供了有效途径，以保护生态环境、提高城市生态可持续性。

植被覆盖是城市生态系统中至关重要的组成部分，对空气质量、温度调节、生态平衡等方面都有着重要的影响。通过对植被覆盖的时空变化进行深入分析，城市管理者可以了解城市内不同区域植被的生长趋势、变化规律以及植被的健康状况。这种信息有助于规划合理的绿化项目，提高城市植被的质量和数量，促进生态平衡的维持。

水体是城市生态系统中另一个关键的要素，涉及城市水资源的合理利用和水体生态系统的保护。数据分析可以监测城市水体的时空变化，包括湖泊、河流等水域的面积、水质等参数的演变。这样的深度分析有助于理解水体生态系统的演变规律，为城市制订科学的水资源管理和生态保护计划提供了依据。

通过对植被覆盖和水体变化等数据的深入分析，城市管理者可以推动城市实施更科学的生态保护和绿化计划。例如，针对植被减少的区域，可以制订植树造林计划，增加绿地覆盖面积；对于水体污染较为严重的区域，可以采取有效的水质改善措施，促进水体生态系统的恢复。这种基于数据的深度分析使生态保护和城市规划更加有针对性和可持续性。

（三）公共服务利用情况的统计分析

1. 人口分布与服务供需关系

人口分布与公共服务供需关系的深度统计分析是城市管理中至关重要的一环。通过对不同区域的人口分布和公共服务设施的分布进行深入了解，城市管理者能够更好地优化公共服务的供给，从而提高服务的可及性。这种数据驱动的方法为城市规划者提供了有效的决策支持，有助于实现公共服务的均衡分配和精准投放。

统计分析的第一步是深入了解城市的人口分布情况。通过对人口普查、迁徙数据等进行分析，可以揭示不同区域的人口密度、年龄结构、职业分布等信息。这有助于确定人口聚集区域和流动趋势，为合理配置公共服务资源提供基础。

同时，深入了解公共服务设施的分布情况同样至关重要。通过对医疗、教育、文化等服务设施的分布进行统计分析，可以了解各类服务在城市中的覆盖程度和分布均衡度。这为发现服务短缺区域和优化服务设施布局提供了依据。

通过将人口分布与服务设施分布进行比对分析，城市规划者可以确定公共服务的供需关系。在人口密集区域，可能需要增加医疗设施、学校和文化活动场所等，以满足居民较高的需求。相反，在人口相对稀疏的区域，可能需要调整服务设施的规模或类型，以便更合理地利用资源。

这种深度统计分析不仅提高了公共服务的可及性，还有助于促进城市的均衡发展。通过科学的数据分析，城市管理者可以更精准地指导资源配置，确保公共服务的均衡覆盖，使城市居民在各类服务方面都能享有平等的权利。

2. 不同群体的服务需求

深入了解不同人群和社区的公共服务利用情况是城市管理中的一项重要任务。通过对这些群体的服务需求进行统计分析，城市管理者能够更全面地了解不同社会群体的需求和偏好，从而更精确地设计和提供公共服务。这种差异性分析有助于实现城市服务的多样性和平等性，推动城市更全面地满足居民的需求。

首先，通过对不同人群的公共服务利用情况进行统计分析，可以了解不同社会群体的服务需求特点。例如，年轻人群体可能更注重文化娱乐类服务，而老年人群体可能更需要医疗健康类服务。深入了解这样的差异性需求信息对于规划和提供相关服务至关重要，可以使城市管理者更有针对性地满足不同群体的实际需求。

其次，通过对服务利用情况的统计分析，可以了解不同社区的特殊需求。不同社区可能存在不同的文化、经济和社会背景，因此其服务需求也会有所不同。城市管理者可以通过这种深度分析，更好地理解社区的差异性，设置更具有针对性的社区服务项目，以更好地满足各社区居民的需求。

考虑不同人群和社区的特殊需求，有助于促进城市服务的平等性。城市管理者可以根据不同群体的需求差异，采取差异化的服务策略，确保各类服务资源能够覆盖到不同社会群体。这种平等性的服务模式有助于打破服务资源的不均衡分配，实现更加人性化的城市管理。

3. 服务利用效率的提升

深入了解不同时间段的公共服务利用情况，并通过统计分析进行精细化管理，是提升城市公共服务效率的重要手段。这种数据驱动的管理方法为城市管理者提供了科学依据，使其能够更合理地安排资源，提高公共服务的利用效率，从而实现更高质量和更高效益的公共服务。这种服务利用效率的提升不仅有助于城市整体管理的优化，同时也推动城市向着更公平、更人性化的方向发展。

通过对不同时间段的公共服务利用情况进行深入统计分析，城市管理者可以获取服务需求的时段差异性信息。例如，在某个时间段内某项服务的需求量可能较大，而在另一时间段则相对较小。这样的差异性需求信息为城市管理者提供了在不同时间段更有针对性地配置资源的机会。通过合理安排人力、物力和财力，城市可以在高需求时段提供更多的服务，从而提高服务的利用效率。

精细化管理还能够通过深入分析服务利用情况的高峰和低谷时段，为城市管理者提供更灵活的资源安排策略。在服务利用高峰时段，可以增加服务人员、提高服务设施利用率，以应对更大的服务需求。而在低谷时段，可以采取灵活的资源调配，实现资源的优化利用。这样的精细化管理有助于提高城市公共服务的整体效益，使资源得到更加有效地利用。

通过对不同时间段服务利用情况的统计分析，还能够发现服务的季节性和周期性需求。这为城市管理者提供了更深层次的服务规划信息，有助于长期规划和资源分配。通过更好地预测服务需求的时序特征，城市管理者可以更有针对性地提前准备，避免资源浪费和服务不足的问题，从而提高服务的整体效益。

三、数据分析在城市管理和决策中的科学支持

（一）基于数据分析的城市规划与发展战略

1. 数据分析的科学支持

数据分析作为城市管理的科学支持工具，为决策者提供了重要的信息基础，使其能够制定更为科学和实际的城市规划和发展战略。通过对各项数据的深度综合分析，城市管理者能够更准确地了解城市的现状和未来趋势，为发展方向的选择提供科学依据，推动城市实现可持续和智慧发展。

首先，通过对城市各个方面的数据进行综合分析，为城市管理者提供了全面的城市现状评估。这包括人口结构、经济状况、基础设施利用情况、环境参数等多个方面的数据。通过深入挖掘这些数据，城市管理者能够全面了解城市的特点、优势和问题，有助于建立对城市整体状况的科学认知。

其次，数据分析还能够为城市未来趋势的预测提供支持。通过对历史数据和现有趋势的分析，城市管理者能够更好地理解城市的发展轨迹。这种预测性的数据分析使城市管理者能够更具远见地制定相应的发展策略，有针对性地应对未来可能出现的挑战和机遇。

综合数据分析的结果，城市管理者可以制定更为科学和实际的城市规划和发展战略。例如，在面对人口增长的情况下，数据分析可以指导城市管理者调整基础设施规划，确保城市能够承载更多居民的需求。又如，在环境参数方面，数据分析可以揭示空气质量、温度等的变化趋势，为城市规划者提供科学依据，制定生态环境改善策略。

最终，通过科学支持的城市规划和发展战略，城市管理者能够推动城市向着可持续、智慧的方向发展。数据分析为城市管理提供了更深层次的认知和决策支持，使城市能够更好地应对日益复杂的挑战，实现更高水平的管理和发展。这种

以数据为基础的科学支持，为城市管理注入了更为创新和高效的元素，对学术研究和实际城市管理都具有重要的价值。

2.现状评估与未来趋势预测

数据分析在城市管理中的关键作用在于对各方面数据的深度挖掘和分析，为城市现状评估和未来趋势预测提供科学依据。城市管理者可以借助先进的数据分析工具，对人口统计、土地利用、交通流量等多方面数据进行详细研究，以全面了解城市的现状。

首先，通过数据分析进行现状评估，城市管理者可以获知多维度的城市特征和面临的挑战。例如，对人口统计数据的深入分析可以揭示不同年龄段、职业群体的分布情况，为社会服务和基础设施规划提供重要信息。土地利用数据的详细研究可以帮助了解城市的空间结构和功能分布，为土地规划和城市设计提供科学基础。交通流量数据的分析则能揭示城市交通状况，为交通规划和基础设施建设提供决策支持。这样的深度现状评估为城市管理者提供了全面、客观的城市认知，使其能够更准确地定位城市的优势和问题。

其次，通过对历史数据和趋势的分析，数据分析支持城市管理者预测未来的发展方向。通过时间序列分析、趋势预测等方法，城市管理者可以推断出未来可能的人口增长趋势、经济发展方向等信息。这为城市的长期规划和战略制定提供了科学依据。例如，通过对过去几年的经济增长率和人口变化趋势的分析，可以更好地预测未来的城市发展潜力和需求变化，为制定相应的发展策略提供指导。

综合而言，数据分析在城市管理中的现状评估和未来趋势预测中发挥着至关重要的作用。通过深入分析多源数据，城市管理者能够更全面、准确地了解城市的现状，为解决实际问题提供有力支持。

（二）问题识别与应急响应的优化

1.问题识别的数据驱动

数据分析在城市管理中的数据驱动问题识别中发挥了关键作用。不仅能够揭示城市的优势和特点，数据分析还有助于识别潜在问题。通过对各项数据的异常和突发事件进行深入分析，城市管理者可以更迅速、准确地发现问题的端倪，从而及时采取应急响应措施，降低潜在风险。

首先，数据分析的问题识别能力体现在对数据异常的敏感性上。城市各个领域产生的大量数据在经过综合分析后，可以揭示出与正常情况不符的异常数据。例如，突然暴涨的交通流量、异常高的能耗数据等都可能是问题的预警信号。通过建立合适的模型和算法，城市管理者可以实时监测数据的变化，快速识别潜在问题，为问题的解决提供技术支持。

其次，数据分析有助于在复杂城市环境中发现潜在问题。城市的运行涉及众多复杂的因素，而数据分析能够将这些复杂的数据关系进行深度挖掘。通过对不同数据之间的关联性进行分析，城市管理者能够更全面地了解城市各方面的运行情况，从而识别出潜在的问题。例如，通过分析环境参数、交通流量和人口密度等数据，可以发现某区域的环境污染可能与交通拥堵、人口密集有关，从而推断出可能存在的潜在问题。

最后，数据驱动的问题识别使城市管理者能够更早地做出应急响应。通过实时监测和分析数据，城市管理者可以在问题发展初期就察觉到异常情况，及时采取相应的紧急措施，防止问题进一步扩大。这种迅速响应能力有助于保障城市的安全和稳定运行，提高城市整体应对突发事件的能力。

2.应急响应机制的提升

通过优化问题识别与应急响应机制，城市管理效率得到了显著提升。建立实时监测系统是其中关键的一环，城市管理者可以迅速获取各类数据，对城市运行状态进行实时监控，从而实现更快速、更精准的应急响应。这种实时性的数据支持有效降低了灾害和突发事件对城市的影响，为城市管理带来了重要的科学支持。

首先，实时监测系统的建立使城市管理者能够及时获知各类数据的变化趋势。通过对交通流量、环境参数、能耗等多方面数据的实时监测，城市管理者可以迅速察觉到可能存在的问题。例如，在交通拥堵的情况下，实时监测系统可以提供即时交通流量数据，帮助城市管理者识别出拥堵瓶颈，迅速采取交通疏导措施。这种及时获取数据的能力大大提高了问题识别的速度，为应急响应提供了更迅速的支持。

其次，实时监测系统的数据支持为应急响应提供了更精准的信息。通过对实时监测的数据进行深度分析，城市管理者能够更准确地评估问题的严重程度和影响范围。例如，在突发环境污染事件中，实时监测系统提供的空气质量数据可以帮助城市管理者准确判断受影响区域，并及时采取措施进行应急处理。这种精准的信息提供为应急响应提供了更可靠的基础，降低了误判和漏判的可能性。

最后，实时监测系统的运用有效降低了灾害和突发事件对城市的影响。通过迅速、精准的问题识别和应急响应，城市管理者可以更有效地控制和缓解问题的发展，减轻灾害和事件对城市的负面影响。这种高效的应急响应机制为城市的安全稳定提供了强有力的支持，提升了城市的整体抗灾能力。

（三）社会经济发展的精准推动

1.社会经济数据的深度分析

数据分析在城市决策中的科学支持体现在社会经济发展的精准推动上。通过对城市经济、就业、产业结构等数据的深度分析，城市管理者可以更有针对性地制定政策，推动城市向着更繁荣、更具活力的方向迈进。深度分析社会经济数据不仅有助于理解产业发展趋势，还能够预测就业市场需求，为决策提供有力支持。

在深度分析城市经济数据方面，城市管理者可以关注多个关键指标，如GDP增长率、投资水平、消费水平等。通过对这些指标的深入研究，可以揭示出城市经济的总体健康状况和各个产业的相对贡献。例如，如果某个产业的增长率迅猛，可能成为城市经济的新动能，需要加大支持力度；反之，如果某个产业出现滞后，可能需要进行结构性调整和优化。

就业数据的深度分析是精准推动社会经济发展的关键步骤。城市管理者可以关注不同行业、不同群体的就业情况，了解就业市场的供需状况。通过对行业就业比例、职业结构的深入研究，可以预测未来的就业趋势，为培训、教育和人才引进提供指导。例如，如果某个行业的用工需求逐渐增加，城市管理者可以着重发展相关专业人才，以促进产业升级。

对产业结构的深度分析也是精准推动社会经济发展的关键环节。了解不同产业的发展状态、竞争力和潜力，有助于优化城市的产业布局和结构。城市管理者可以通过深入挖掘数据，判断各产业在全球价值链中的地位，制定产业发展战略，提升城市的国际竞争力。例如，如果某一产业在全球市场具有竞争优势，城市管理者可以通过政策扶持，推动其更好地融入国际市场。

深度分析社会经济数据不仅为城市管理者提供了更准确的决策依据，还有助于推动城市向着更繁荣、更具活力的方向迈进。这种科学化的数据分析方法为城市决策和规划提供了有力支持，对学术研究和实际城市管理都具有重要价值。

2.有针对性的政策制定

基于数据分析的决策为城市管理者提供了更具针对性和可操作性的政策制定手段。在经济下行时，数据分析成为关键工具，通过深入研究就业数据，城市管理者可以灵活地调整培训计划，以提高就业率，缓解经济不景气的压力。同样，在产业升级时，深度分析产业结构数据能够为政策制定提供科学依据，促进新兴产业的发展，实现经济结构的优化。

在经济下行时，城市管理者可以综合分析就业数据，了解不同行业和职业的受影响程度。这有助于确定哪些领域面临更大的失业风险，从而有针对性地调整培训计划，提升失业人群的再就业能力。例如，在技术变革导致某些行业用工需求减少的情况下，城市管理者可以通过培训计划，帮助受影响的人员获得新的技能，更好地适应市场需求，提高就业率。

另外，在产业升级时，通过深度分析产业结构数据，城市管理者能够准确把握各个产业的发展状况。这为制定促进新兴产业发展政策提供了有力支持。例如，如果数据显示某个领域具有较高的创新潜力和市场需求，城市管理者可以通过优惠政策、科研资助等手段，吸引和扶持相关企业，推动新兴产业的崛起。这种有针对性的政策制定不仅促进了新产业的发展，也为城市经济的升级提供了可行性和实施性。

通过深度分析数据，更好地理解城市的经济结构和发展趋势，使政策的制定更有针对性、更符合实际需求、更具可操作性。这种科学化的决策手段为城市朝着更繁荣、更具活力的方向迈进提供了实质性的支持，对学术研究和实际城市管理都具有深远的影响。

第 四 章

城市智慧景观规划原则

第一节　城市智慧景观规划的理论基础

一、规划基础理论对智慧景观的解释

（一）基础规划理论

城市智慧景观规划的理论基础之一是基础规划理论。基础规划理论涵盖了城市发展、土地利用、交通规划等多个方面，为智慧景观规划提供了整体框架。在这一理论基础上，智慧景观规划将基础设施与信息技术相融合，通过对城市数据的深度分析，使景观规划更加科学和智能。

1.城市发展理论

城市发展理论是指对城市发展过程、规律和机制进行系统研究的理论框架。在智慧景观规划的背景下，深入理解城市发展理论对于指导未来城市规划和管理至关重要。这一理论为智慧景观规划提供了有利的动力和方向，使规划更加符合城市的实际需求，并能够适应不同发展阶段的挑战。

城市发展理论首先强调城市是一个动态系统，其发展呈现出一定的阶段性和周期性。通过对城市历史发展的长期观察和深入分析，我们能够识别城市发展的阶段性特征，例如，城市的初期形成、急速扩张、成熟稳定等阶段。这些阶段性特征为智慧景观规划提供了时间维度上的理解，使规划更具历史感和前瞻性。

在城市发展的不同阶段，城市往往面临着各种挑战和机遇。城市发展理论强调在不同阶段城市的需求和问题都有所不同，因此，智慧景观规划需要根据城市发展的特定阶段来调整策略和重点。例如，在城市急速扩张阶段，重点可能是解决基础设施不足和交通拥堵等问题；而在城市成熟稳定阶段，可能更注重提升生态环境和居民生活品质。这种因阶段而异的策略调整有助于规划更加精准地应对城市发展的挑战。

另外，城市发展理论还强调城市发展的周期性变化。周期性变化表明城市发展存在一定的波动和循环，这可能受到宏观经济周期、政策调控等多种因素的影响。智慧景观规划需要借鉴周期性变化的规律，更好地应对城市在不同周期内的变化趋势。例如，在经济周期下行时，可能需要通过智能技术提升城市的经济韧性和适应性，以缓解不利经济发展的影响。

2.土地利用规划理论

土地利用规划理论是城市规划领域中的重要理论体系，为智慧景观规划提供了关于空间组织的基本原则和指导思想。深入理解土地利用规划理论，对于智慧景观规划的科学制定和有效实施至关重要。以下将从土地的功能分区和合理利用原则两个方面探讨土地利用规划理论在智慧景观规划中的作用。

首先，土地利用规划理论强调土地的功能分区是一项重要的原则。不同区域的土地往往有不同的功能定位，例如：居住区、商业区、工业区、绿地等。这种功能分区有助于实现土地资源的合理利用，避免混合杂糅，提高城市空间的有序性和高效性。在智慧景观规划中，通过充分考虑土地功能分区的原则，规划者可以更好地整合智能技术，使各功能区域更具智能化，例如，在居住区引入智能家居技术，提升生活品质；在商业区应用智能零售系统，提高购物体验。

其次，合理利用土地是土地利用规划理论的核心。土地是有限的资源，如何合理配置、高效利用是土地利用规划的首要任务。理论中强调的合理利用包括提高土地利用效率、保护生态环境、实现可持续发展等方面。在智慧景观规划中，可以通过引入智能技术来实现合理土地利用。例如，通过智能交通系统优化交通流量，减少交通拥堵，提高土地利用效率；通过智能环境监测系统实时监测空气质量和噪声水平，保护生态环境。

智慧景观规划需要在土地利用规划理论的指导下，充分考虑城市的发展需要和智能技术的应用。通过理论引导，规划者可以更好地平衡不同功能区域的发展，确保城市空间的有序性和高效性。此外，合理利用土地理论也提供了在智慧景观规划中实现可持续发展的基础。通过科学合理利用土地资源，推动城市向着更具可持续性、智慧化的方向迈进。

3.交通规划理论

交通规划理论在智慧景观规划中扮演着至关重要的角色，为城市的交通系统提供了基本原则和指导。智慧景观通过结合交通与信息技术，致力于打造更加智能、高效的城市交通体系。以下将从交通网络和流动性的角度探讨交通规划理论在智慧景观规划中的应用。

首先，交通规划理论强调了交通网络的设计与优化。在智慧景观规划中，通过充分应用交通规划理论，规划者可以更好地设计城市的交通网络，提高交通系统的整体效率。通过对城市交通流量的深度分析，规划者可以确定交通瓶颈和高峰时段，从而引入智能交通管理系统，优化交通流量，减缓拥堵。这样的智慧交通网络设计使得城市交通更加畅通，提高了城市的可达性和运行效率。

其次，交通规划理论在智慧景观规划中指导着如何提升城市的流动性。流动性是城市交通系统的关键指标，影响着城市居民的出行体验和生活质量。通过对交通规划理论的应用，智慧景观规划可以通过智能交通管理、出行服务平台等手段，提升城市的流动性。例如，通过引入实时交通信息系统，居民可以更准确地了解交通状况，选择最优的出行方案；通过智能公共交通系统，实现多种交通方式的无缝衔接，提高出行效率。这样的流动性优化使城市居民在日常出行中更加便捷和舒适。

交通规划理论在智慧景观规划中的应用，旨在通过智能技术的引入，提升城市的交通效率和可达性。智慧景观规划通过理论的指导，致力于打造更加智能、绿色、可持续的城市交通系统。这种规划不仅提升了城市的交通服务水平，也促进了城市的可持续发展。

（二）智慧景观理论

智慧景观理论是城市景观规划与信息技术融合的产物。它强调通过智能技术实现城市景观的高效管理和优化设计，使城市更具可持续性、宜居性和创新性。

1.智能技术与景观融合

智慧景观理论凸显了智能技术在景观规划中的关键作用，将传感器、人工智能、大数据等技术有机融入城市景观，赋予城市更高的响应性和适应性。这种智能技术与景观的融合为城市提供了全新的规划范式，通过实时数据的支持，为决策制定和城市运行的精细管理提供了有力的支持。

在智慧景观规划中，传感器技术的广泛应用是实现智能感知的重要手段。城市中布设的各类传感器可以实时监测环境参数，如空气质量、温度、湿度以及人流、车流等关键数据。这些实时数据的获取为城市规划者提供了准确的城市运行状况，有助于及时发现问题、优化资源配置、提高城市的适应性。

人工智能技术的运用则使得智慧景观更加智能和自动。通过人工智能算法，可以对大量数据进行深度学习和分析，从而实现对城市运行的智能预测和优化。例如，人工智能可以通过分析交通流量数据预测交通拥堵，并通过智能交通灯控制系统进行实时调整，提高交通效率。这种智能技术的应用为城市提供了更加智能和高效的服务。

大数据技术在智慧景观规划中的应用也至关重要。通过对大规模数据的收集、存储和分析，城市规划者可以更好地了解城市居民的行为、偏好和需求。这种深度的数据分析为制定更贴近实际需求的规划和政策提供了科学的依据，推动城市朝着更加智慧和人性化的方向发展。

2. 参与式规划与数字化社区

智慧景观理论推动了参与式规划的兴起，通过数字技术的运用，积极促进居民参与城市规划的决策过程。数字化社区平台的建设为居民提供了直接参与城市规划的渠道，使其能够更加积极地提供意见和建议，从而共同创造更符合社区需求的景观规划。

在参与式规划中，数字技术充当了重要的媒介和支持工具。数字化社区平台的建设使得居民可以通过在线平台参与讨论、提出建议，甚至直接参与决策投票。这种数字技术的介入使得规划过程更加透明和开放，消除了信息不对称问题，提高了居民参与的积极性和效果。

数字化社区平台的优势不仅在于提供了交流和互动的空间，更在于其数据收集和分析的能力。通过数字技术，可以更精准地了解居民的需求和偏好，对大规模的社区反馈进行系统性的整理和分析。这种数据驱动的参与式规划为城市规划者提供了更全面、具体的社区反馈，有助于规划者制定更贴近实际需求的规划。

数字技术的运用还使参与式规划更加实时和灵活。居民可以随时随地通过数字化社区平台表达意见和提出建议，不再受时间和地点的限制。这种实时性和灵活性为规划过程注入了更大的活力，使决策更加及时地响应社区的需求变化。

3. 可持续性与绿色设计

智慧景观理论的核心理念之一是注重可持续性和绿色设计原则，通过智能技术和数据分析为城市的生态健康和环境可持续性提供支持。数据分析在这一过程中扮演关键角色，通过评估城市生态系统的健康状况，为绿色基础设施的建设提供科学依据。

首先，数据分析能够全面了解城市生态系统的当前状态。通过监测植被覆盖、水体变化等环境参数，数据分析揭示了城市的生态系统演变规律。这种深度分析为城市管理者提供了关于生态系统健康的全面认识，为制定可持续发展和绿色设计策略提供了科学依据。

其次，智能技术的应用在绿色设计中具有显著作用。通过智能化的能源管理系统，城市可以实时监测和优化能源利用，减少浪费，提高效能。智能灯光系统、智能交通管理等技术的运用也有助于减少对城市环境的负面影响。这些技术的综合运用使城市在发展过程中能够更加环保、高效地利用资源。

最后，数据分析和智能技术的结合有助于城市朝着更加可持续的方向发展。通过对能源、水资源、废物处理等方面的数据进行深入分析，城市管理者可以制定更具体、可操作的可持续发展目标和计划。这种基于数据的精准推动使得城市在实现绿色设计和可持续性发展方面更加有力。

二、智慧规划与传统规划的区别

（一）决策基础

1. 实时数据与时效性

智慧规划对决策基础的实时性和灵活性提出了更高的要求，其中实时数据的应用成为其重要特征。通过采用大数据技术和实时传感器等先进技术手段，智慧规划能够实现对城市实时数据的获取和分析。这一实时性的决策基础为城市规划提供了最新的、全面的信息，使决策者能够更为迅速、准确地应对城市动态的变化。

具体而言，大数据的应用使智慧规划能够从多个维度收集和分析大量的城市相关数据，包括但不限于交通流量、环境污染、人口流动等。这种多源数据的整合使规划决策更为全面，能够更好地理解城市运行的实际情况。同时，实时传感器的运用使得对城市各项指标的监测更加及时，有效弥补了传统规划中依赖历史数据和统计分析所带来的滞后性。

与此相比，传统规划在决策基础上主要依赖于历史数据和统计分析。这种方式可能无法捕捉到城市瞬息万变的动态变化，因而在决策反应速度上相对较慢。传统规划所依赖的数据往往是以往的经验总结，难以及时获取新的、实时的信息。在面对城市快速发展和变化时，这种相对滞后的数据基础可能导致规划决策的不及时和不准确。

2. 智能分析的灵活性

智慧规划在数据分析方面采用智能分析技术，主要通过机器学习和人工智能的应用，提升对数据的灵活性和深度分析的能力。这种灵活性的提升是智慧规划与传统规划的一个显著区别，对城市规划和发展决策产生了积极的影响。

首先，智慧规划采用机器学习技术，通过对大量城市数据的学习和模式识别，系统能够更好地理解城市的运行规律和特点。这种智能分析使得规划系统能够更灵活地处理复杂多变的城市数据，准确把握城市发展的动态。相比之下，传统规划通常受限于刚性的统计方法，难以应对大规模、高维度的城市数据，对城市未来发展趋势的预测能力相对较弱。

其次，智慧规划通过人工智能的运用，具备更好的数据预测和趋势分析能力。智慧规划系统能够基于历史数据和当前趋势对未来发展进行预测，为决策者提供更为准确的信息支持。这种智能分析的灵活性有助于规划者更好地应对城市的变化和挑战，使规划决策更具前瞻性和可操作性。

总体而言，智慧规划通过采用智能分析技术，使得规划系统更具灵活性和智能化。这种灵活性不仅提升了对城市数据的深度理解，也增强了规划系统对未来趋势的预测能力。

（二）参与度与透明度

1.公众参与的数字化手段

智慧规划强调公众参与和透明度的提高，借助数字化手段推动居民更直接地参与城市规划决策过程。通过采用数字化社交平台、虚拟现实等技术，智慧规划为公众参与提供了便捷、直观的方式，与传统规划相比，显著提升了公众与决策者之间的互动和信息传递。

首先，数字化社交平台的广泛运用为居民提供了一个互动的平台。通过社交媒体、在线论坛等数字渠道，居民可以方便地分享意见、提出建议，并与其他社区成员进行实时交流。这种实时性和互动性使得公众的声音更为直接、即时地展现给决策者，增加了决策的多样性和全面性。

其次，虚拟现实技术为居民提供了身临其境的参与体验。通过虚拟实境技术，居民可以在虚拟环境中体验规划方案，感知城市发展的未来景象。这种沉浸式的体验有助于提高居民对规划方案的理解和认同，促使他们更深层次地参与。

最后，数字化手段还提高了决策过程的透明度。公众可以随时随地获取关于规划决策的信息，了解决策的依据和过程。透明的决策过程有助于建立公众对规划决策的信任感，减少信息不对称问题，使决策更具合法性和可接受性。

相较于传统规划，其信息传递方式受限于传统媒体和线下渠道，公众参与度常常受到制约。数字化手段的广泛运用消除了时间和空间的限制，为更广泛的居民提供了参与城市规划的机会。然而，同时也需要关注数字鸿沟等问题，确保数字化手段在公众参与中的普惠性。

2.决策过程的开放性

智慧规划通过数字技术的应用，显著提高了决策过程的开放性，使得决策者和公众能够更直观地了解规划方案的影响和效果。这一开放性的特征有助于城市管理者、规划者和居民之间建立更为紧密的合作关系，相较之下，传统规划可能存在信息封闭和决策权威性较强的问题。

首先，实时数据的使用为决策过程注入了更具体、实时的信息。通过传感器、监测设备等技术手段，智慧规划能够实时获取城市各个方面的数据，包括交通流量、空气质量、人口分布等。这些实时数据的开放性使得决策者能够更全面地了解城市运行状态，为制定决策提供更为准确的依据。

其次，模拟技术的应用为规划方案的影响进行可视化呈现。通过虚拟现实、模型仿真等技术，决策者和公众可以在虚拟环境中体验规划方案的效果，预测可能产生的影响。这种开放性的决策过程使得公众更容易理解和参与，促进了规划方案的共建共享。

在这一开放性的背景下，城市管理者、规划者和居民之间的合作关系得以加强。实时数据的开放性使得居民能够更直接地了解城市的运行状况，参与问题识别和解决过程。而模拟技术的应用则为决策者和居民提供了共同的语言，促进了双方的沟通和协作。

相对而言，传统规划可能存在信息封闭和决策权威性较强的问题。传统规划通常依赖于历史数据和专业人员的判断，公众对规划方案的了解相对较少，参与度较低。决策者可能更倾向于在封闭的专业领域内进行决策，而未能充分考虑到公众的需求和期望。

（三）技术整合

1. 信息技术的广泛应用

智慧规划在整个决策过程中充分整合了信息技术，包括大数据、人工智能、物联网等技术的广泛应用，使得规划更具智能化和全面性。相较之下，传统规划相对较为传统，可能未能充分利用现代科技手段，导致规划的维度相对狭窄。

首先，大数据的应用为规划提供了更为庞大且多样的数据来源。智慧规划通过收集和分析大量实时数据，能够深入了解城市的各个方面，包括交通流量、人口分布、环境参数等。这种广泛而深入的数据支持使得规划更具有科学性和实效性，有助于更好地应对城市的多元化需求。

其次，人工智能技术为规划决策提供了更为智能的分析和预测能力。通过机器学习和数据挖掘等技术，智慧规划能够识别模式、预测趋势，为决策者提供更为准确的信息。这种智能分析的特点使得规划更具有灵活性和适应性，能够更好地应对城市的动态变化。

物联网的广泛应用为城市提供了更为精细的感知和控制能力。智慧规划通过连接城市中的各类传感器和设备，实现了对城市运行状态的实时监测和管理。这种精细化的感知使得规划更具有精准性和针对性，能够更好地满足不同区域和人群的需求。

在信息技术广泛应用的背景下，传统规划可能未能充分利用现代科技手段，导致规划的维度相对狭窄。传统规划主要依赖于历史数据和统计分析，难以捕捉到瞬息万变的城市变化。这种相对滞后的特点可能导致规划方案的制订较为保守，难以适应城市快速发展的需求。

2.智能技术对规划的影响

智慧规划在技术整合方面强调智能化，对城市规划产生了深远的影响。特别是在交通规划领域，智慧规划运用智能技术，如智能交通管理系统，通过实时监测和调整交通流，从而提升城市的可达性和交通效率。这种智能技术的应用为规划决策提供了更全面、实时的数据支持，相较于传统规划，智慧规划在执行效果上更为高效。

首先，智慧规划通过智能交通管理系统的实时监测功能，能够及时获取交通流量、拥堵状况等数据，实现对城市交通状态的精准感知。这使得规划者可以更准确地识别交通瓶颈和问题区域，从而有针对性地采取措施进行优化。相较之下，传统规划可能依赖于历史数据和统计分析，对于瞬息万变的交通情况反应较为滞后。

其次，智慧规划通过智能技术的调整和优化，能够实现交通流的智能引导，提升城市的可达性。智能交通管理系统可以根据实时数据对信号灯、道路导向等进行调整，以优化交通流，减缓拥堵，提高道路通行效率。这种智能引导能够更好地适应城市动态变化，使得城市交通系统更具适应性和灵活性。

智慧规划的高效执行还体现在问题的快速响应和解决上。通过智能技术，规划者可以迅速获取城市运行状态的实时信息，对交通问题、紧急事件等进行即时响应。这种快速决策和响应机制有效降低了城市运行中的问题影响，提高了城市的整体效率和安全性。

第二节　可持续发展与智慧景观规划的关系

一、可持续性原则在智慧景观规划中的应用

（一）生态系统保护与绿色基础设施的整合

1.生态系统评估与智慧决策支持系统

智慧景观规划致力于将可持续性原则融入城市生态系统保护中，通过建立智

慧决策支持系统，实现对城市生态系统的实时监测和评估。这创新性的方法是采用传感器网络和卫星数据等先进技术，以获取关键的生态指标，如植被覆盖、土壤质量和水体健康等指标参数，为规划者提供及时、科学的数据支持，有助于制订更环保和可持续的基础设施建设方案。

智慧决策支持系统的实施是基于多维度数据的综合分析，通过整合各类传感器和遥感技术，实现对城市生态系统状况的全面感知。例如，通过卫星数据获取的植被指数可以反映城市绿地覆盖情况，而土壤传感器则提供土壤质量的详细信息。这些数据源的智能整合构成了生态系统评估的基础，为规划者提供了更为全面、准确的城市生态信息。

智慧决策支持系统的关键优势之一在于其实时性。通过实时监测，规划者能够及时获取生态系统的变化情况，对于突发事件或异常状况能够做出迅速反应。这种实时性有助于规划者灵活地调整基础设施建设方案，以适应城市生态系统的动态变化。

这一系统不仅仅是数据的收集和展示，更体现了智慧景观规划对于可持续性的深刻理解。规划者可以利用系统提供的数据进行深度分析，从而制定更加环保和可持续的基础设施规划。例如，在规划新建区域时，系统可以提供详细的土壤质量和水体健康状况数据，以指导相关人员进行合理的绿地规划和水资源管理，最大限度地保护城市生态系统的健康。

智慧决策支持系统的应用还强调了科学决策的重要性。规划者可以基于系统提供的科学数据进行决策，避免了过度依赖主观判断的问题。这有助于规划者更加客观地看待城市生态系统的状况，采取更加有针对性和有效的措施。

2.智慧水管理与水体状况监测

在智慧景观规划中，智慧水管理成为关键领域，通过智能技术的广泛应用，规划者能够监测水体状况，从而有效保护城市水生态系统。这一方法的核心在于实时监测水质、水流等数据，以更精准的方式了解水体的健康状况，为规划者提供科学依据，以制订生态修复和保护计划，从而提高城市的水资源管理效率，减轻对水生态系统的压力。

首先，智慧水管理注重对水体状况的实时监测。通过布设水质传感器、流量监测设备等智能技术，规划者能够获取准确的水体数据。这些数据包括水质指标、水流速度、水位等多方面信息，实现了对水体状态的全面感知。与传统手段相比，这种实时监测方法具有更高的时效性和精准度，使规划者能够更及时地响应水体变化。

其次，智慧水管理通过数据分析和智能决策支持系统，帮助规划者更好地了解水体的健康状况。大数据分析可以识别水体中的异常情况，例如，污染源的变化、水质的波动等，为规划者提供翔实的信息。智能决策支持系统能够从多个维度对数据进行综合分析，为规划者提供科学依据，帮助其制定更具体、可行的生态修复和保护计划。

再次，在绿色基础设施的整合方面，智慧水管理提倡采用生态修复手段，如湿地的建设和植物的引入，以提高水体的自净能力。规划者可以根据实时监测的数据，有针对性地选择适宜的绿色基础设施，推进水体健康的生态修复过程。这种整合的方法不仅有助于改善水体环境，还能提升城市的整体生态质量。

最后，智慧水管理在提高城市水资源管理效率方面发挥了积极作用。通过实时监测和数据分析，规划者可以更好地了解水资源的分布和利用情况，从而优化城市的水资源配置。这有助于提高用水效率，减少浪费，实现对水资源的可持续管理。

3.绿色基础设施规划与生态廊道设计

在智慧景观规划中，绿色基础设施规划与生态廊道设计被视为促进城市生态系统连接和稳定的关键因素。智慧景观规划强调通过智能分析社区利用数据和生态系统评估，更全面地设计绿色基础设施，如公园、绿化带、屋顶花园等，以创造生态廊道，实现城市建设与生态系统的和谐融合，提高城市的整体生态健康状况。

在绿色基础设施规划方面，智慧景观规划通过智能技术的应用，对社区利用数据进行深度分析。这包括对不同社区的绿地利用情况、居民需求以及生态系统的现状进行全面评估。通过大数据分析，规划者可以更准确地了解社区内绿地的分布、利用率以及可能存在的不足之处。这种精细的分析为规划者提供了科学的依据，使他们能够更好地规划绿色基础设施，满足不同社区的需求。

生态系统评估在绿色基础设施规划中起到了至关重要的作用。通过对城市生态系统的评估，规划者能够了解自然资源的分布、生态系统的稳定性以及可能存在的生态风险。智慧景观规划通过整合卫星遥感数据、传感器监测等技术，使生态系统评估更加全面和精确。这使规划者能够更好地选择绿色基础设施的位置，以最大限度地促进生态系统的连接和城市的整体生态健康。

生态廊道设计是智慧景观规划中的一个重要概念，旨在通过连接城市中的绿色空间，形成具有生态功能的走廊。这些廊道不仅有助于改善城市的空气质量，还提供了动植物迁徙的通道，促进生物多样性的维护。智慧景观规划通过智能技术，可以更好地设计生态廊道，考虑到城市不同区域的特点和生态需求。通过整合社区利用数据和生态系统评估结果，规划者可以选择最合适的位置，使生态廊道成为城市生态系统的重要组成部分。

（二）资源循环与可再生能源的智能整合

1. 能源利用数据分析与效率优化

在智慧景观规划中，能源利用数据分析成为实现能源利用效率优化的关键手段。通过深度分析城市的能源利用数据，规划者能够借助智能技术识别存在能源浪费的领域，并制定相应的改进措施，从而推动城市能源利用的可持续发展。

智慧景观规划以数据驱动为核心，通过大数据分析和智能技术的运用，规划者能够全面了解城市的能源利用状况。这包括电力、水资源、气候等方面的数据，以及各个行业和领域的能源使用情况。通过深度分析这些数据，规划者能够识别出存在能源浪费的具体领域，例如，能源密集型产业、建筑能效较低的区域等。

一方面，智慧景观规划注重识别存在能源浪费的领域。通过大数据分析，规划者可以迅速而准确地定位城市中存在能源浪费的症结。这可能包括某些产业的能源使用效率低下、建筑物的能耗较高、交通系统的能源浪费等。这种深度识别有助于规划者明确在哪些方面需要优化和改进，为城市能源的可持续利用提供有力支持。

另一方面，智慧景观规划致力于提出相应的改进措施。基于数据的深度分析，规划者可以制定出针对性的政策、技术手段或管理措施，以降低能源浪费，提高能源利用效率。例如，可以通过推广节能技术、优化能源管理系统、加强对能源密集型产业的监管等方式来实现对能源利用的优化。这些改进措施应当具有可行性，能够在实施中产生明显的效果。

这种数据驱动的方法有助于减少能源浪费，提高城市的能源利用效率。通过智慧景观规划，城市可以更加科学、精准地制定能源政策和规划，实现对能源利用的有效管理。这符合可持续性原则，推动城市向着更为绿色和环保的方向发展，为城市未来的可持续发展奠定坚实的基础。

2. 可再生能源整合与供能系统智慧管理

在智慧景观规划中，规划者积极整合可再生能源，如太阳能和风能，以实现城市的可持续能源供给。通过实时监测气象条件、能源生产和消耗数据等多方面信息，规划者能够智能地管理城市的供能系统，最大限度地利用可再生能源，降低对传统能源的依赖，推动城市向可持续能源体系转变。

智慧景观规划强调在城市能源规划中充分利用可再生能源。其中，太阳能和风能是两种重要的可再生能源，具有广泛的应用潜力。通过部署太阳能光伏板和风力发电设备，城市可以从自然环境中获取能源，并将其整合到城市供能系统中。这种整合可再生能源的方法是智慧景观规划中的一项重要策略，旨在降低碳排放，减缓气候变化，实现城市能源的绿色转型。

实时监测是智慧景观规划中的关键步骤。通过部署传感器和监测设备，规划者可以实时获取气象条件、能源生产和消耗数据等信息。这使得规划者能够全面了解城市的能源状况，包括可再生能源的产量、传统能源的使用情况以及城市能源需求的波动情况。这些实时数据为规划者提供了科学依据，使其能够更准确地调整和优化城市供能系统。

智能管理城市的供能系统有助于最大限度地利用可再生能源。通过实时监测，规划者可以根据天气预报和气象条件调整可再生能源设备的运行模式，以确保在有利的条件下充分获取可再生能源。同时，规划者还可以根据城市的能源需求智能地管理传统能源的使用，实现对城市供能系统的灵活控制。这种智能管理有助于降低城市对传统能源的依赖，减少环境污染，推动城市向可持续的能源体系过渡。

（三）社会包容性与公共空间设计的智慧考虑

1.社区需求分析与多样化公共空间设计

在智慧景观规划中，规划者通过深入分析不同社区的人口需求，充分利用数据指导多样化的公共空间设计。这一策略旨在确保公共空间服务于各个社区的多元需求，从而提高城市的社会包容性和居民的生活质量。

通过智能技术的应用，规划者能够深入了解不同社区的文化、人口结构、居民活动偏好等关键信息。这种数据驱动的方法有助于规划者更全面地理解社区居民的实际需求，为公共空间的设计提供科学依据。例如，通过分析社区的文化特点，规划者可以定制符合该社区文化氛围的公共空间设计，以增进居民的归属感和满足其文化需求。

多样化的公共空间设计是智慧景观规划中的一个重要目标。规划者根据不同社区的需求，设计适应性强的公共空间，包括公园、休闲区、文化广场等。这有助于创造出更加有趣和具体的公共空间，使城市居民能够利用这些区域，提高社区的整体生活品质。

智慧景观规划倡导公众参与的理念，通过数字技术促进居民参与决策过程。规划者可以通过数字社交平台、虚拟现实等技术，收集居民的意见和建议，了解社区居民的期望和需求。这种参与式规划有助于确保公共空间设计更符合社区居民的实际需求，提高规划的成功实施率。

2.数字社区参与公众反馈机制

在智慧景观规划中，社会包容性的原则得以体现，如注重数字社区参与和建立公众反馈机制。通过数字化社交平台、虚拟现实等先进技术，居民得以更直接地参与城市规划决策过程，使智慧景观规划更加民主、透明、公正。

数字社区参与是智慧景观规划中的关键组成部分。通过数字社交平台，规划者能够与居民进行实时互动，提供信息和方案，并收集居民的看法和建议。这种参与式规划促进了居民与规划者之间的紧密沟通，使规划更具体、符合实际需求。虚拟现实等技术使居民可以更生动地体验规划效果，提高其参与度。

公众反馈机制在智慧景观规划中的作用至关重要。通过建立智能系统来收集、整理和分析公众的反馈，规划者能够更全面了解社区需求和期望。这种数据驱动的反馈机制有助于规划者做出更具实效性和智慧性的决策，确保规划方案符合广大居民的期望。

数字社区参与和公众反馈机制的建设还有助于提高规划的透明度。居民通过数字平台可以更容易地获取规划信息，了解决策的过程和原因。这种透明性增强了居民对规划的信任感，使规划决策更加公正、合理。

在智慧景观规划中，数字社区参与和公众反馈机制的整合推动了城市规划的民主化和社会包容性的提升。通过科技手段的运用，规划者能够更深入地了解社区的多元需求，确保规划方案更加符合社区居民的期望，推动城市向更为民主、透明、人性化的方向发展。

3.社区参与数据分析与公共空间优化

在智慧景观规划中，社区参与数据分析是一项关键工具，用于了解居民对公共空间的利用和期望。通过智能技术，规划者能够深入挖掘社区居民的需求，实现更精准的公共空间设计。

社区参与数据分析首先体现在对居民行为的深入理解上。通过数字社交平台、虚拟现实等技术，规划者能够收集并分析居民在公共空间的行为数据，包括活动偏好、停留时间、活动轨迹等。这些数据为规划者提供了宝贵的信息，使其更好地了解居民对公共空间的实际利用情况。

其次，社区参与数据分析强调了对不同群体需求的个性化认知。通过智能技术，规划者可以识别社区内不同群体的特征和需求，例如：老年人、青少年、家庭等。这种细分的数据分析有助于规划者更准确地了解不同群体对公共空间的期望，从而实现更精细的规划和设计。

在公共空间的优化方面，社区参与数据分析能够为规划者提供指导。通过深入了解社区居民的需求，规划者可以进行个性化的设计调整，如增加儿童游乐设施、提供老年人休憩区等。这样的优化措施不仅提高了公共空间的适应性，还增进了社区居民对公共空间的满意度。

4.透明决策与数字化沟通渠道

智慧景观规划通过数字化手段提高决策过程的透明度，为城市管理者、规划者和居民之间建立起更为信任和紧密的合作关系提供了有力支持。在数字化沟通渠道的应用下，透明决策成为智慧景观规划中的一项重要原则。

首先，虚拟现实和数字化技术为规划者提供了全新的报告展示方式。通过虚拟现实技术，规划者可以创造出具体的三维景象，直观地呈现规划方案和城市发展的愿景。数字化报告则通过图表、动画等形式，将复杂的规划数据以更易理解的方式呈现给居民，提高信息传递的效果。

其次，透明决策通过数字化手段促进了决策过程的开放性。数字技术的运用使得规划方案的讨论更为直观和具体，居民能够更清晰地理解决策的依据和影响。数字化平台还提供了在线讨论和反馈的机会，使居民能够直接参与到决策过程中，增强了公众对规划的参与感。

透明决策还通过数字化手段实现了决策信息的及时更新。数字平台可以随时发布最新决策信息和规划进展，使居民了解城市发展的最新动态。这种实时性的信息传递有助于居民更好地理解决策的背景，减少信息不对称问题，提高决策的合理性和公正性。

二、智慧规划对城市可持续性的贡献

（一）数据驱动的决策制定

1.多维度数据分析与城市趋势评估

智慧规划通过多维度数据分析为城市可持续性决策提供了科学支持，使规划者能够更全面地了解城市现状和未来趋势，为制定可持续性战略提供有力的决策基础。

首先，智慧规划运用大数据技术，深入研究各个维度的数据，其中包括但不限于人口统计、土地利用和环境参数等。通过对这些多维度数据的全面分析，规划者能够更准确地了解城市的社会、经济和环境状况。例如，可以通过人口统计数据分析人口流动趋势，了解不同社区的人口结构；土地利用数据可以揭示城市的空间组织情况；环境参数则反映了城市生态系统的健康状况。这种多维度数据的综合分析为规划者提供了全面的城市认知。

其次，多维度数据分析有助于全面评估城市的健康状况。通过综合考虑不同维度的数据，规划者可以形成对城市综合发展状况的评估。这样的评估不是局限于某一方面，而是通过多方面数据的综合分析，全面反映城市现状。这种全面性的评估为规划者提供了科学依据，使其能够准确把握城市发展的挑战和机遇。

最后，多维度数据分析为规划者提供了制定可持续性战略的有力支持。通过深入研究城市的多维度数据，规划者可以发现城市发展的潜在问题和发展趋势。这使得规划者能够基于科学的数据分析，制定出更具前瞻性和针对性的可持续性战略。例如，通过对环境参数的分析，规划者可以制定出保护生态系统、推动绿色发展的具体措施。

2.科学支持下的发展策略制定

智慧规划为城市管理者提供了科学支持，使得他们能够精准和科学地制定发展策略。这种科学支持下的策略制定对于城市的经济、社会和环境的可持续发展具有显著的价值。

首先，深度数据分析为规划者提供了全面的城市认知。通过综合考虑各个维度的数据，规划者可以对城市的社会、经济和环境状况有更全面的了解。这种全面的城市认知使得规划者能够发现城市的潜在问题、机遇和发展趋势，为制定发展策略提供了深刻的基础。

其次，深度数据分析明确了城市的发展方向和重点领域。规划者可以基于数据的科学分析，明确城市在经济、社会和环境方面的挑战和机遇。通过深入挖掘数据，规划者可以确定哪些领域具有更大的发展潜力，从而有针对性地制定发展策略。例如，数据分析可能揭示了某一产业在城市经济中的潜力，或者某一社区的特殊需求，这些都可以成为制定发展策略的依据。

在制定发展策略的过程中，科学支持下的数据分析还可以帮助规划者更好地理解城市内部的关联和相互作用。这种综合性的分析有助于规划者更全面地把握城市的动态变化，为未来的发展做出明智的决策。例如，规划者可以通过数据发现城市的交通瓶颈、社区的人口流动情况等，从而有针对性地提出交通规划或社区建设的策略。

最后，科学支持下的发展策略制定有助于城市的可持续发展。通过数据驱动的发展策略，规划者可以更好地平衡经济增长、社会公平和环境保护之间的关系。例如，规划者可以利用数据分析优化城市的能源利用结构，制定出推动可再生能源发展的战略，从而在发展经济的同时减少环境压力。

（二）智能交通管理与减缓城市交通压力

1. 实时监测与交通流调整

智慧规划通过智能交通管理系统的实时监测和调整交通流，为城市交通系统的可持续性作出积极贡献。这一过程通过大数据分析和智能技术的运用，实现了对城市交通状况的精准监测和高效调整。

首先，智慧规划通过大数据分析实现了实时监测城市交通状况。借助智能交通管理系统，规划者能够收集和分析大量的交通数据，包括车流密度、行车速度、路段拥堵情况等。这种实时监测能力使规划者能够深入了解城市交通系统的运行状况，及时捕捉到交通拥堵等问题的发生。

其次，通过对实时数据进行分析，规划者可以识别交通瓶颈和高峰期。大数据分析能够帮助规划者识别交通流动中的瓶颈点，即交通流受限制的区域，以及高峰时段，即交通流最为密集的时间段。这种识别使得规划者能够有针对性地制定调整策略，提高城市道路的利用效率。

在实时监测的基础上，智慧规划通过智能交通管理系统实现了交通流的高效调整。规划者可以利用实时数据，采取灵活的交通调整措施，例如：改变信号灯配时、引导交通流绕行、优化公共交通线路等。这种高效的调整措施有助于缓解交通拥堵状况，提升城市交通系统的整体运行效率。

这种实时监测和高效调整交通流的方法有助于减缓城市交通压力，提高道路利用效率，从而推动城市交通系统朝着可持续的方向发展。减少拥堵不仅可以改善居民的出行体验，还有助于降低碳排放、减轻环境负担，符合城市可持续性发展的要求。

2. 环保交通模式的推动

智慧规划通过数据驱动的方法倡导环保交通模式，旨在推动城市交通向可持续的方向发展。这一方法通过分析交通工具利用数据，制定相应政策，促进低碳交通工具的使用，从而减少对环境的不良影响，为城市建设创造更为绿色和健康的出行环境。

首先，智慧规划通过数据分析实现了对交通工具利用情况的全面了解。借助智能交通管理系统和其他数据收集手段，规划者可以获取有关各类交通工具的使用数据，包括汽车、公共交通、自行车等的数量、频率和分布情况。这种全面的数据分析为规划者提供了深入了解城市出行模式的基础，使其能够更准确地评估交通对环境的影响。

其次，基于数据分析的结果，规划者可以制定政策促进低碳交通工具的使用。通过深入研究交通工具利用数据，规划者能够识别出高碳排放交通工具的使用状况，制定相应的政策鼓励低碳交通方式，如公共交通、自行车和步行。这些政策可能包括建设更多的自行车道、提供公共交通优惠、设立步行区等，引导市民选择更加环保的出行方式。

这种数据驱动的方法有助于减少城市对高碳交通工具的依赖，降低碳排放量和交通噪声，改善空气质量，提高城市的整体环境质量。同时，推动低碳交通方式的使用也有助于缓解交通拥堵状况，提高交通系统的运行效率。

智慧规划所提倡的环保交通模式不仅关注减排效果，还注重其对城市居民生活质量和健康的积极影响。通过提供更为绿色、健康的出行环境，这一方法为城市居民创造了更宜居的环境，提升了城市的整体可持续性。

（三）智慧基础设施与资源高效利用

1.智慧城市设施的建设

智慧规划强调智慧基础设施的建设，旨在通过物联网等技术实现城市资源的高效利用。这一方法不仅提升了城市基础设施的智能化水平，还通过大数据分析城市设施的使用情况，优化能源、水资源等的利用效率，从而有助于提高城市基础设施的可持续性，减少资源浪费。

首先，智慧规划通过引入物联网等技术，实现了城市设施的智能化管理。物联网技术将传感器、设备和互联网连接起来，使得城市各种基础设施能够实时收集和传输数据。这包括能源系统、交通设施、水务系统等多个方面。通过实时监测和数据反馈，规划者能够更全面地了解城市设施的运行状况，及时发现问题并进行优化。

其次，智慧规划通过大数据分析城市设施的使用情况。借助大数据技术，规划者可以对城市各类基础设施的利用情况进行深度分析，包括能源消耗、水资源利用、交通流量等。通过深入分析这些数据，规划者可以发现潜在的效率问题和浪费现象，有针对性地制定改进策略，提高城市基础设施的利用效率。

智慧规划有助于城市资源的高效利用。例如，在能源管理方面，规划者可以通过大数据分析实时监测城市各个区域的能源消耗情况，识别高耗能区域并提出优化建议。类似地，在水资源管理中，通过实时监测水质和用水量，规划者可以更精准地制订水资源利用计划，减少浪费。

2.可再生能源的整合应用

智慧规划在能源领域推动可再生能源的整合应用，以实现城市能源的高效利用。通过数据分析和监测再生能源的产出情况，规划者可以优化能源利用方案，减少对非可再生能源的依赖，从而为城市的可持续能源模式过渡提供支持。

首先，智慧规划注重可再生能源的监测和分析。通过部署先进的监测技术，如传感器网络和智能计量系统，规划者能够实时获取可再生能源的产出数据。这包括太阳能电池板的发电情况、风能涡轮机的转速等。通过对这些数据的深度分析，规划者能够全面了解可再生能源的潜力和波动情况，为制订合理的能源整合方案提供科学依据。

其次，智慧规划通过数据分析优化能源利用方案。借助大数据技术，规划者可以深入研究城市的能源需求和供给情况，识别能源利用的高峰和低谷时段。通过精确的能源需求预测，规划者能够制定更为灵活和智能的能源整合策略，使可再生能源得以最大限度地发挥作用。

智慧规划的这一方法有助于减少对非再生能源的依赖。通过最大限度地利用可再生能源，可以降低城市对化石燃料等有限资源的依赖，减轻环境负担。此外，智慧规划还可以促使城市投资和支持可再生能源技术的发展，推动能源行业向可持续的方向演进。

第三节　公众参与与社区治理

一、公众参与在智慧景观规划中的作用

（一）数字社交平台的促进作用

1. 社交平台的崛起与公众参与

智慧景观规划在数字社交平台的支持下，借助社交媒体和在线论坛等工具，为居民提供了参与城市规划过程的机会。社交平台的崛起标志着公众参与模式的革新，为城市规划决策带来了更为广泛和深入的参与。

数字社交平台的兴起使得居民能够更加直接而实时地表达他们的需求、意见和期望。社交媒体平台如微信、微博以及城市专属的在线论坛，成为居民与规划者、决策者之间沟通的重要桥梁。居民可以通过这些平台分享他们对城市发展的看法，提出建议，甚至参与到具体项目的讨论中。

这种新型的公众参与模式具有多方面的优势。首先，数字社交平台打破了传统参与方式的时空限制，居民可以在任何时间、任何地点参与讨论。其次，这种形式的参与更具实时性，规划者可以迅速了解居民的反馈，有助于及时调整规划

方案。此外，数字社交平台为居民提供了更为直观的参与体验，通过图文结合的方式，居民可以更生动地表达他们的观点和期望。

2.实时互动与意见反馈

数字社交平台的实时性为居民提供了迅速获取城市规划信息和提供反馈的机会。在这个新兴的参与模式下，规划者能够通过实时互动的方式，及时了解和回应居民的意见，从而更有针对性地调整规划方案，提高决策的灵活性。

实时互动是数字社交平台的一项关键特征，它允许规划者和居民之间在实时环境中进行信息的传递和交流。规划者可以通过发布实时更新动态、提出问题或发起投票等方式，激发居民参与热情，引导他们就城市规划的各个方面提出意见和建议。这种实时性使规划者能够敏锐地捕捉到社区的动态变化和居民的实际需求。

通过数字社交平台的实时互动，规划者可以快速了解居民对规划方案的看法、期望和关切。这种及时反馈为规划者提供了重要的决策支持，使其能够在规划过程中灵活应对各种意见和需求。实时互动还有助于建立起规划者与居民之间更为紧密的沟通和合作关系，增强了城市规划的民主性和透明度。

然而，实时互动也为信息管理和处理带来了挑战。规划者需要有效地处理和整合来自不同渠道的信息，确保不同居民群体的声音都能得到妥善考虑。此外，规划者还需要辨别信息的真实性和可行性，以保证决策的科学性和可操作性。

（二）虚拟现实技术的拓展

1.虚拟现实在规划中的运用

虚拟现实技术在智慧景观规划中的应用为公众提供了身临其境的参与体验。通过虚拟现实技术，规划者能够创造出仿佛置身于规划场景中的环境，使居民能够更深入、更直观地理解规划方案，从而激发更高程度的参与感。这种体验式参与为提高公众对规划的理解和支持提供了独特的方式。

虚拟现实技术的运用使得规划方案更直观、更具体验性。通过虚拟现实设备，居民可以在虚拟的城市景观中漫游，感受不同场景的氛围和空间布局。这种亲身体验的机会使居民能够更全面地认识规划方案，从而有可能形成对规划的深入理解和积极参与。

一方面，虚拟现实技术可以用于展示规划方案的外观和设计，使居民能够在虚拟环境中漫游，自由探索规划场景，感受未来城市的样貌。这种互动性的体验打破了传统规划中文字、平面图等表达方式的限制，使规划更具直观性。

另一方面，虚拟现实技术还可以用于模拟城市发展的未来情景，例如，交通流、建筑物布局等方面的模拟。通过这样的模拟，公众可以更好地理解规划方案对城市的整体影响，包括交通流量、社区绿化等方面的变化。这种模拟效果有助于公众更准确地评估规划方案的优劣和可行性。

2. 数字化互动与规划决策

虚拟现实技术的引入使得数字化互动在规划决策中发挥了重要作用。通过虚拟环境，公众可以以数字化的方式直观地了解规划效果，而数字化的互动机制为公众提供了参与规划决策过程的实际机会。这种数字互动的形式在智慧景观规划中展现出了其独特的优势。

首先，虚拟现实技术为公众提供了直观的参与体验。在虚拟环境中，居民可以通过数字手段深入了解规划方案的各个方面，包括建筑设计、交通布局、绿化空间等。这种直观的体验有助于居民更准确地理解规划的影响和可能带来的变化。

其次，数字化的互动机制使得公众能够积极参与到规划决策的过程中。通过虚拟环境中的数字化工具，公众可以提出建议、调整设计，甚至模拟不同的场景和方案。这种互动的形式使得公众的声音更为直接、真实，增强了公众在规划过程中的参与感和责任感。

数字化互动还提供了灵活高效的沟通渠道。公众可以通过数字平台随时随地提出意见，规划者也能够及时回应和调整规划方案。这种实时性的互动有助于加速决策过程，使规划更符合公众的期望和需求。

（三）数据透明性的提高

1. 数据公开与透明决策

首先，智慧景观规划通过数据公开的方式，实现了城市信息的透明性。公众可以随时获取大量实时的城市数据，涵盖了从交通流量、环境质量到能源利用等多个方面的信息。这一透明决策方式有助于建立一个开放的城市治理平台，使公众能全面了解城市的运行状况和各项指标。

其次，数据公开促进了公众对规划决策的参与。通过将城市数据公之于众，公众可以更加深入地了解城市发展的各个方面。这种透明度不仅为公众提供了信息基础，也为其提出有建设性的意见和建议提供了平台。公众的参与有助于规划决策更贴近实际需求，增强了决策的科学性和合理性。

再次，数据公开提升了决策的科学性。规划者可以基于大数据分析，深入研究城市各项指标的动态变化，把握城市的发展趋势。这种数据支持下的决策制定更为准确和科学，有助于规避盲目性和主观性，使城市规划更具前瞻性和可操作性。

最后，数据公开有助于建立起公众对规划决策的信任。透明度使得居民对城市发展的过程有更清晰的认知，减少了信息不对称可能带来的猜疑和误解。规划者通过数据公开展现了对公共利益负责的一面，增强了公众对规划决策的信任感。

2.数据可视化与公众理解

首先，数据可视化作为智慧景观规划中的重要工具，通过图表、地图、图形等形式将抽象的城市规划数据呈现为直观、易理解的形式。这种可视化方式有助于打破数据的复杂性，使公众能够直观地感知城市的各项指标和规划方案。通过图形化的展示，公众更容易理解城市的发展状况，为其参与规划决策提供更直观的认知基础。

其次，数据可视化提高了公众对城市规划的理解水平。大多数居民对于专业的规划术语和复杂的城市数据可能感到陌生，但通过可视化手段，这些信息以更生动、形象的方式呈现。图表和地图的使用让居民更容易理解城市的发展趋势、区域分布、资源利用情况等方面的信息。这种提高信息传递效率的可视化方式有助于公众更深入地了解城市规划，为其提出具体、有建设性的意见奠定了基础。

再次，数据可视化促进了公众对规划方案的积极参与。直观的数据呈现方式激发了居民的兴趣，使其更愿意参与城市规划的讨论和决策过程。通过图表和图形的展示，规划者可以向居民清晰地展示不同规划选项的影响和可能带来的改变。这种参与感的提高有助于公众更具主动地表达自己的需求，为规划决策提供更为多元和广泛的视角。

最后，数据可视化有助于提升城市规划的透明度。透过图形和图表，公众可以直接观察到规划决策所基于的数据和信息。这种透明的决策过程有助于建立城市管理者与居民之间的信任关系，使规划决策更具合法性和公正性。

二、社区治理与城市发展的关系

（一）社区治理的概念与重要性

1.社区治理的定义与范畴

首先，社区治理是一个综合性的概念，其定义涉及通过组织和管理手段，实现社区内部事务的协调、资源的合理分配以及社区整体发展水平的提升。社区治理不仅关注社区的组织结构和运作方式，更注重如何通过有效的管理机制促进社区成员之间的互动，使其能够共同参与社区事务，共享社区资源，从而提高整体社区居民的生活质量。

其次，社区治理的范畴广泛，包括但不限于资源分配、决策协商和问题解决。资源分配涉及社区内资源的合理配置，包括物质资源、人力资源、财务资源等的分配原则和机制。决策协商则强调社区内成员之间的共同决策和协商过程，通过多方参与和讨论，形成共识性的决策结果。问题解决方面，社区治理旨在建立有效的问题解决机制，应对社区内出现的各类矛盾和困难，确保社区能够持续稳定地发展。

再次，社区治理强调参与性和民主性。社区治理的过程应该是开放的、透明的，社区成员应有权参与社区事务的决策和管理。这种参与性的治理模式有助于激发社区成员的积极性和创造力，促进社区内部的协作和共建。

最后，社区治理不仅是社区管理者的责任，也是社区成员共同参与的过程。在社区治理中，社区管理者需要积极引导和组织社区成员更多地参与到社区决策和管理的过程中，形成共建共治的局面。社区治理的成功依赖于社区内外部力量的协同作用，以实现社区的可持续发展。

2.社区治理的重要性

首先，良好的社区治理在城市可持续发展中扮演着关键的角色。社区是城市的基本单元，而社区治理直接影响着社区的稳定和发展。通过建立有效的社区治理机制，可以确保社区内部事务的有序进行，防范和解决潜在的社会问题，为城市的稳定发展提供坚实的基础。

其次，社区治理有助于形成更加和谐的社区环境。通过建立有效的沟通渠道和决策机制，社区成员能够参与到社区事务中，形成共同的利益诉求和共识。这有助于减少社区内部的矛盾和分歧，促进社区居民之间的相互理解和合作，从而创造和谐宜居的社区环境。

再次，社区治理可以提高社区居民的生活满意度。通过有效的资源分配和服务提供，社区治理能够满足居民的基本需求，改善社区的基础设施和公共服务水平。这有助于提升社区居民的生活质量，增强他们对社区的归属感和满意度。

最后，社区治理为城市的整体发展创造有利条件。一个治理良好的社区不仅有助于社区内部的繁荣，也能够为城市提供强大的社会资本和人才资源。通过社区治理优化，可以形成城市多个社区之间的协同合作，促进城市的全面发展和提升城市整体的竞争力。

（二）数字技术在社区治理中的应用

1. 数字社区治理的特点

首先，数字社区治理的特点在于信息技术的广泛应用，其为社区治理注入了智能化的元素。通过数字化平台和应用的建设，社区管理者能够方便地获取、处理和传递信息，实现信息的快速流通。这使得社区治理过程更为高效，能够更及时地应对社区内部的各种问题和需求。

其次，数字社区治理注重数据的收集、分析和应用。通过数字技术，社区可以实时收集大量的社区数据，包括居民需求、公共设施利用情况、环境状况等。这些数据通过智能分析，可以为社区管理者提供科学的决策支持，使社区治理更加有针对性和精准。

再次，数字社区治理强调居民参与的广泛性。通过数字社交平台和虚拟互动工具，居民可以方便地参与到社区治理的决策过程。数字技术为居民提供了表达意见、提出建议的便捷途径，实现了治理的公众化和民主化。

最后，数字社区治理强调透明度和信息公开。通过数字平台，社区管理者可以及时向居民公开有关社区事务的信息，包括决策过程、预算分配等。这种透明的治理方式有助于建立社区居民对治理的信任，促使更多居民积极参与到社区建设和治理中。

2. 社区数据分析与问题识别

首先，社区数据分析作为智慧景观规划的重要组成部分，通过对社区内部数据的深度挖掘，能够提供更为准确和全面的社区画像。这包括了居民的人口统计信息、社区设施利用情况、环境参数等多方面的数据。通过多维度的数据分析，规划者能够全面了解社区现状，为社区治理提供科学的数据基础。

其次，社区数据分析有助于规划者更好地识别社区存在的问题。通过对数据的深入挖掘，规划者可以发现社区内的潜在矛盾、需求短缺、资源分配不均等问题。例如，通过分析社区设施的利用率数据，可以识别出设施过度拥挤或者废弃的情况，从而制定相应的优化和改进策略。

再次，社区数据分析提供了制定有针对性社区治理策略的基础。规划者可以根据数据分析结果，制定有针对性和实效性的治理策略。例如，数据分析表明某个社区存在交通拥堵问题，规划者可以通过智能交通管理系统实施更科学合理的交通调度，以解决拥堵问题。

最后，社区数据分析在解决社区内矛盾和问题方面发挥了关键作用。规划者可以利用数据分析结果，提出具体解决方案，从而更好地应对社区内的各种问题。

这种基于数据解决问题的方法不仅科学有效，也更容易被社区居民理解和接受。

（三）社区治理与城市发展的互动关系

1.社区治理的直接影响

首先，社区治理的质量对社区的稳定产生直接而深远的影响。良好的社区治理能够建立起有效的社区管理体系，确保社区内的法规、规章得以执行。这有助于维持社区内的基本秩序，减少犯罪率和社会不安定因素，从而创造一个相对安全平稳的社区环境。

其次，社区治理的质量直接影响社区居民的生活质量。通过制定合理的居住政策、提供良好的基础设施和服务，社区治理可以满足居民的基本需求，提高其生活满意度。例如，有序的垃圾处理、良好的交通规划等都能够改善居民的生活品质。

再次，社区治理对社区的社会资本形成产生直接影响。社会资本包括了社区内部居民之间的信任、合作和社交网络等因素。通过建立公平、透明的决策机制，社区治理可以促进社区内居民之间的良好关系，形成积极的社会资本，从而推动社区的协作与发展。

最后，社区治理的质量对城市的整体发展具有直接的支持作用。一个稳定、有序、发展良好的社区是城市可持续发展的基石。社区治理的成功可以为城市提供示范和实践经验，形成城市治理的新模式，推动城市整体发展水平的提升。

2.社区治理与城市规划的衔接

首先，社区治理与城市规划之间存在着紧密的衔接关系。社区治理是城市规划的一项基础性工作，直接关系到社区居民的生活品质和社会秩序。规划者在城市规划的初期阶段就需要深入了解社区的治理需求，以确保规划方案更贴近社区居民的实际需求。

其次，数字化手段在社区治理与城市规划的衔接中发挥着关键作用。通过数字化技术，规划者可以高效地收集、分析社区内部的各类数据，包括人口统计、土地利用、交通流等。这些数据为规划者提供了深入了解社区状况的基础，有助于制定更科学和更符合实际情况的城市规划。

再次，社区治理需要在城市规划中得到更多的体现。在规划方案的设计中，需要充分考虑社区治理的特点，包括社区内部的组织结构、决策协商机制等。数字化手段可以帮助规划者更全面他了解社区治理的具体情况，为规划方案的设计提供有力支持。

最后，社区治理与城市规划的衔接不仅仅是单向的，还需要实现双向互动。

社区治理的实践经验和居民的反馈意见也应该成为城市规划的重要参考。数字化手段可以建立起城市规划与社区治理之间的信息沟通渠道，使规划者更及时地获取社区居民的意见和建议，形成更加民主、开放的规划过程。

（四）社区治理的数字化转型

1.数字社区治理的背景

首先，数字社区治理的背景根植于数字化时代的发展。随着信息技术的快速发展和数字化工具的普及，社会进入了数字化时代。数字社区治理应运而生，成为社区治理的现代化趋势。数字社区治理借助先进的数字技术，致力于提高社区治理的效能和水平，使社区更加智能化、高效化。

其次，数字社区治理的背景反映了社区治理面临的挑战和机遇。随着城市化的推进和人口增长，社区管理面临着更为复杂和多样化的需求。以满足社区治理的新需求，数字社区治理应运而生。数字技术为社区治理提供了更为便捷和全面的信息获取、处理和传递手段，有助于规划者更好地应对社区治理的复杂性。

再次，数字社区治理的背景受到社交媒体和虚拟社区的崛起影响。随着社交媒体的普及，人们更加习惯在虚拟空间中进行交流和信息分享。数字社区治理将社区治理的手段和方式引入数字社交平台，以更好地满足居民的需求，提高社区治理的参与度。

最后，数字社区治理的背景突显了数字技术在社会治理中的重要性。数字技术为社区治理提供了数据分析、可视化展示、智能决策等工具，使社区治理更加科学化、精准化。数字社区治理不仅是社区治理的一种工具，更是社会治理现代化的产物，反映了社会管理体制的创新和升级。

2.智慧城市建设中的社区治理

首先，智慧城市建设中的社区治理在数字化手段的引领下实现了更加智能的管理。随着智慧城市建设的推进，数字技术被广泛应用于社区治理中，为规划者提供了更为精准、实时的信息，使社区治理更具智能化。通过数字化手段，规划者能够实时监测社区内部的各种指标，包括人流、环境参数等，从而更好地了解社区状况，及时做出相应决策。

其次，数字社交平台成为智慧城市建设中社区治理的重要组成部分。智慧城市建设推动了社交媒体和数字社交平台的发展，使其成为居民进行信息交流、参与决策的主要渠道。数字社交平台不仅为规划者提供了获取居民意见的便捷途径，同时居民也能够直接地参与社区事务的讨论和决策过程，从而增强了社区治理的参与性和民主性。

再次，智能监测设备在智慧城市建设中为社区治理提供了全面的数据支持。通过部署智能监测设备，规划者可以实时获取社区内部的各种数据，包括环境质量、交通流量等。这些数据为社区治理提供了科学依据，使规划者能够更加准确地制定治理策略，解决社区内的问题，提高治理效率。

最后，智慧城市建设中的社区治理强调了数据的开放共享。数字化手段使社区内部的数据更容易被获取和共享，这有助于形成跨部门、跨领域的数据合作。通过数据的开放共享，不仅可以提高社区治理的整体水平，还有助于形成更为紧密的城市社区合作网络，促进城市的可持续发展。

（五）公众参与与社区治理的协同

1. 居民参与社区治理的需求

首先，居民参与社区治理的需求体现了一种公民意识的觉醒。随着社会进步和信息化发展，居民对社区事务的关注度逐渐增加，他们更加强烈地期望能够参与到社区治理的过程中，发表自己的意见和建议。这反映了居民对社区生活的主动关注，追求更加民主的社区治理模式。

其次，居民参与社区治理的需求与社区的复杂性和多样性密切相关。社区内存在着各种不同的需求和利益，而规划者难以一一了解每个居民的具体情况。因此，居民通过参与社区治理，希望能够更好地表达自己的需求。这推动了社区治理更加贴近实际情况，更好地满足居民的多样化需求。

再次，数字社交平台和在线参与工具的普及促进了居民对社区治理直接参与的需求。随着数字技术的发展，居民通过社交媒体、在线论坛等数字平台能够方便地参与到社区决策和讨论中。居民希望通过这些渠道，更迅速地获取社区信息，与社区其他成员进行交流，以实现更广泛的社区参与。

最后，居民对社区治理的需求还表现为对社区生活质量的关切。居民希望通过参与社区治理，改善社区环境，提升社区设施，从而提高整体的生活品质。这种需求不仅关注个体权益，更关注社区整体的可持续发展和居住环境的改善。

2. 数字化手段促进公众参与

首先，数字化手段的普及极大地促进了公众参与社区治理的便捷性。通过数字社交平台，居民能够随时随地参与社区讨论，发表自己的观点和建议。这种便捷性消除了传统参与方式的时间和空间限制，使更多的居民能够参与到社区治理中来，实现更广泛的社会参与。

其次，虚拟现实等技术为居民提供了更为直观的参与体验。通过虚拟现实技术，居民可以身临其境地感受社区规划方案，更好地理解决策的影响。这种沉浸式的体验使居民更容易产生共鸣，提高了他们对社区治理决策的理解和认同度，进一步促进了积极参与。

再次，数字化手段的应用提高了信息透明度。居民通过数字平台可以获取实时的社区信息，包括规划方案、决策过程等。这种信息透明度有助于公众建立对社区治理的信任，减少信息不对称带来的疑虑，从而增强了公众参与的积极性。

最后，数字化手段通过数据分析提供了更为科学地参与决策的支持。规划者可以通过大数据分析居民的反馈，更全面地了解社区的需求和期望。这种科学化的数据支持有助于规划者制订更符合实际情况的决策方案，提高了公众参与的实效性和科学性。

第五章

城市智慧景观设计策略

第一节　城市景观设计原则与策略

一、制定智慧景观设计的基本原则

（一）可持续性原则

1. 资源有效利用

在城市智慧景观设计中，可持续性原则的核心理念是充分考虑并有效利用各类资源，以最大限度减少能源可持续利用，最大限度减少浪费。设计师在实践中应当积极采用先进的技术手段，其中包括但不限于智能灌溉系统和能源回收设施等。这些技术手段旨在通过科学规划和有效管理，将城市景观的各个元素进行可持续利用，从而降低城市景观对资源的依赖性，实现资源的长期可持续利用。

首先，在资源有效利用方面，智能灌溉系统的应用至关重要。通过引入先进的灌溉技术，智能灌溉系统能够根据实时的气象数据、土壤湿度等因素，智能调控水量，实现精准灌溉。这不仅有助于提高植被的水分利用效率，减少用水浪费，还能够降低城市景观对水资源的需求。智能灌溉系统的科学运用，使得城市绿化在更加节水、环保的同时，也在景观设计中发挥更大的作用。

其次，能源回收设施的采用也是实现可持续性原则的重要步骤。在城市智慧景观设计中，设计师可以引入先进的能源回收技术，例如，太阳能光伏板、风能发电装置等。这些设施通过捕获自然界的能量，转化为可供使用的电力，从而减轻对传统能源的依赖，实现可再生能源的有效利用。通过在城市景观设计中融入这些能源回收设施，设计既能够满足城市需求，又能够减少对非再生资源的开发，为城市景观的可持续性发展奠定基础。

在实现资源有效利用的过程中，科学规划和管理是不可或缺的环节。设计师应当通过综合考虑城市的地理特征、气候条件、植被需求等因素，科学规划景观元素的布局和配置。通过合理的植被选择、布局设计，最大限度地实现水分和能源的循环利用。同时，城市景观的管理也需要注重科学性，采用智能化管理系统，实现对资源利用情况的实时监测和调整，以确保景观元素的可持续利用。

2.环保材料的推动

可持续性原则的核心之一是推动环保材料的使用，旨在减少城市景观设计对环境的不良影响。在现代景观设计中，设计师应当积极倡导和采用环保材料，以降低对自然资源的消耗，并最大限度地减少对环境的负面影响。这一原则的实施需要优先选择可再生、可回收的材料，通过引入新型材料和绿色技术，推动城市景观设计符合可持续发展的要求，为生态系统的保护贡献力量。

在景观设计中，对环保材料的推动体现在多个方面。首先，设计师应当积极选择可再生材料，如竹木、可再生纤维等。这些材料具有天然的再生能力，能够在短时间内恢复，减轻对森林等生态系统的压力。其次，应优先采用可回收的材料，如再生金属、回收塑料等。通过使用这些材料，可以有效减少废弃物的产生，实现资源的循环利用，降低对自然资源的过度开采。

同时，引入新型环保材料也是可持续性原则的一项重要措施。在景观设计中，新型材料如可降解塑料、再生石材等，不仅对环境影响较小，还能够推动材料科技的创新。这些材料的应用有助于降低设计过程中对有限资源的依赖，同时减少环境污染的风险，更好地满足可持续发展的理念。

绿色技术的引入也是推动环保材料使用的有效手段。例如，采用生态混凝土、光触媒涂料等技术，可以在材料本身具备环保性的同时，通过特殊工艺达到净化空气、改善微气候等效果。这些绿色技术的应用有助于将环保材料的使用与景观设计的生态效益相结合，实现对城市环境的双重保护。

3.生态系统的保护与恢复

为实现城市景观设计的生态友好性，可持续性原则强调必须充分考虑生态系统的保护与恢复。在设计过程中，设计师应当通过一系列手段，如植被的合理规划、湿地的建设等，积极促进自然生态系统的恢复。这涉及采用科学的生态学原理，以确保景观设计与周围自然环境的和谐共生，最终实现生态平衡的目标。

首先，生态系统的保护与恢复需要设计师在植被规划方面下足功夫。通过合理的植被选择、布局设计，可以模拟并促进当地的自然植被生长，形成具有生态功能的景观。引入本土植物、建立植物群落，有助于增加生物多样性，提供栖息地，促进植物与动物的相互作用。通过景观中植被的有机融合，实现城市景观与自然生态系统的良性互动。

其次，湿地的建设是生态系统保护与恢复的关键手段之一。湿地是生态系统中重要的生态类型，对水质净化、生物多样性维护等具有重要作用。在城市景观设计中，设计师可以合理规划和建设湿地，模拟自然湿地的生态功能。通过湿地的引入，可以有效处理雨水，提高水质，同时提供了丰富的生态环境，为城市景观增添自然的生态元素。

在实现生态系统的保护与恢复过程中，设计师应当紧密遵循科学的生态学原理。这包括对生态系统的相互关系、物种的相互依存、生态平衡等基本原理的考虑。通过科学的手段，确保景观设计与自然环境之间的协同作用，避免对生态系统的破坏。这种基于生态学原理的设计方法有助于建立城市景观与自然生态系统之间更为和谐的关系，实现生态平衡的良性循环。

（二）人文关怀原则

1. 当地文化元素的融入

人文关怀原则在城市景观设计中的重要性在充分融入当地文化元素中得以彰显。这一原则强调设计师应深入了解当地的历史、传统和文化特色，通过将这些元素巧妙地融入景观设计中，创造出有温度、有情感的空间。这种深刻的文化融合不仅使城市景观更具特色，也有助于提升社区的身份认同，增强居民的归属感。

首先，深入了解当地的历史和传统是实现人文关怀原则的第一步。设计师需要研究城市的过去，挖掘出其中的文化底蕴，了解城市的历史演变和文化传承。通过对城市发展历程的了解，可以找到潜藏在历史中的独特文化元素，为景观设计提供丰富的文化内涵。

其次，将当地文化元素巧妙融入景观设计是人文关怀原则的实质。设计师应当在景观元素、结构布局、艺术雕塑等方面灵活运用当地的文化符号，使之融入整体设计中。这可能包括但不限于当地的传统建筑风格、民间艺术表达、地方特色植物等。通过在景观设计中体现这些文化元素，可以使城市景观更具独特性和地域性。

在实际操作中，设计师可以通过与当地居民、文化专家的沟通，了解他们对于文化的理解和期望。这种参与式的设计过程能够更好地体现人文关怀原则，确保设计不仅仅是表面的文化符号，更是对当地居民文化情感的敏感回应。

最后，通过在城市景观中体现当地独特的文化符号和艺术表达，设计可以激发居民的情感共鸣，提高他们对居住环境的认同感。这种情感上的连接有助于形成社区凝聚力，促进社区的和谐发展。因此，人文关怀原则的实施不仅使城市景观更具艺术性和历史感，还为社区建设注入了温馨的情感元素，实现了景观设计与社区文化的深度互动。

2.艺术、历史与文学元素的引入

人文关怀原则强调通过引入艺术、历史和文学等元素，激发人们的情感共鸣，为此设计师在城市景观设计中可以运用各种手段，如艺术雕塑、历史标识和文学意象，以创造丰富的文化体验，为居民提供更具艺术性和历史感的生活环境。这不仅使景观更加丰富多彩，还为城市注入了深厚的文化内涵，从而提升了居民的生活品质。

在城市景观设计中引入艺术元素是实现人文关怀原则的有效途径之一。艺术雕塑、壁画、装置艺术等形式的艺术作品可以被巧妙地融入城市空间，成为景观的亮点。这些艺术品既可以是当代艺术的代表，也可以是当地传统文化的表达，通过艺术的语言为城市注入美感，提升居民对城市的审美体验。

历史标识的设置是将历史元素引入城市景观的方式之一。通过设置具有历史纪念意义的标识，如历史建筑、文化遗址等，可以唤起人们对城市历史的回忆，弘扬传统文化，加深居民对城市历史的了解和认同。这种历史元素的引入不仅使城市景观具有时间的深度感，也为城市的发展脉络提供了重要的参照点。

文学意象的运用是通过文字、诗歌、文学作品等形式将文学元素融入景观设计中。可以通过在公共空间设置文学碑刻、诗歌墙等方式，将文学艺术融入城市景观，创造出具有文学氛围的环境。这种文学意象的引入不仅为城市景观增色，还激发了居民对文学文化的兴趣，促使人们在城市中产生更深层次的情感共鸣。

通过引入艺术、历史和文学等元素，人文关怀原则在城市景观设计中得以实践，为居民提供了更富有文化内涵和情感体验的居住环境。这种丰富多彩的景观设计不仅提升了城市的整体品质，同时也促进了居民对城市文化的认同感和归属感，为城市的可持续发展打下了坚实的文化基础。

3.社区凝聚力的增强

人文关怀原则的实践在城市景观设计中有助于增强社区凝聚力。通过共享当地文化和历史，居民之间建立起更为紧密的联系。景观设计应以社区为中心，鼓励居民参与文化活动，共同创造、分享城市景观的美好，促进社区的凝聚力。

在实践中，社区凝聚力的增强源于人们对共同文化和历史的认同感。通过将当地文化元素巧妙融入景观设计中，设计师可以打破居民之间的陌生感，引发他们对共同文化传承的关注。例如，在公共空间设置有代表性的文化符号、艺术品或历史标志，使居民在日常生活中更容易产生对共同文化的认同感，形成对社区的归属感。

社区凝聚力的增强还需要通过鼓励居民参与文化活动来实现。设计师可以规划出适宜举办各类文化活动的场所，如文化广场、艺术展览区等，以吸引居民积极参与。这些文化活动既可以是传统文化的传承，也可以是当代艺术的展示，通过多样性的文化活动形式，激发社区居民的参与热情，增强他们的社交互动。

共同创造和分享城市景观的美好是社区凝聚力增强的重要途径。设计师可以通过社区合作的方式，邀请居民参与景观设计的过程，例如，共同设计公共花园、艺术墙面等。通过居民参与设计，城市景观将更贴近居民的需求和期待，使居民更有归属感，从而增强社区的凝聚力。

（三）安全性原则

1.智能技术的引入

安全性原则在城市景观设计中强调引入智能技术，以提高城市景观的安全性。在这一原则的指导下，设计师需要充分考虑智能监控系统、紧急求救装置等技术的应用，通过实时监测和即时响应，提升城市景观在安全方面的效能，以保障居民的安全。

首先，智能监控系统是安全性原则中重要的技术。通过在城市景观中布设高效智能监控摄像头，设计师可以实现对公共区域的全天候监控。这些监控系统可以联网，并配备人工智能算法，能够识别异常行为、实时监测人流情况，有效防范潜在的安全威胁。智能监控系统的引入使得城市景观具备更高的实时感知和响应能力，为安全管理提供了有力支持。

其次，紧急求救装置是安全性原则中的关键技术。在城市景观中设置紧急求救装置，如紧急报警柱、应急呼叫按钮等，为居民提供在紧急情况下的即时报警服务和求救通道。这些装置可以通过智能化技术与城市管理中心相连，实现紧急情况的快速响应和调度。通过引入这些紧急求救装置，城市景观的安全性能够得到进一步加强，使居民在紧急情况下能够及时获得帮助。

在实践中，智能技术的引入使得城市景观的安全管理更加精细化和智能化。通过数据分析、人工智能算法的运用，城市景观能够更准确地识别潜在风险，并在第一时间采取措施。这种智能技术的应用不仅提高了城市景观的安全性，也为居民提供了更为安心、便捷的生活环境。

2.突发事件的紧急响应

首先，安全性原则的贯彻要求在城市景观设计中建立智能化的紧急响应系统，以应对各类突发事件。在自然灾害、事故等紧急情况下，该系统能够迅速而有效地提供紧急服务，为城市居民提供及时支持。为实现这一目标，设计师可选择在城市景观设计中设置智能紧急响应系统。

其次，智能化的紧急求救系统需要结合先进的技术，如物联网、云计算和人工智能等。通过这些技术的整合，系统可以实时监测城市景观及其周边环境的状态，提前感知潜在的危险因素。当突发事件发生时，系统能够自动发出预警，并通过实时数据分析判断事件的紧急程度和影响范围，从而有针对性地开展响应措施。

再次，设计师还需考虑与其他城市管理系统的联动，确保紧急响应系统与交通管理、医疗救援等相关系统协同工作。这种联动性可以加快应急响应速度，提高效率。同时，系统应具备灵活的应对策略，能够根据不同类型的突发事件进行差异化响应，以最大限度减少潜在的安全风险。

最后，设计师还应注重系统的可持续性和可升级性。城市的安全需求和技术水平都可能发生变化，因此，紧急响应系统应具备灵活性，能够随时适应新的技术和需求。同时，定期进行系统维护和更新也是确保系统长期稳定运行的关键。

在整个设计过程中，注重紧急响应系统的可靠性、及时性和精准性，能够有效降低突发事件对城市居民生活的影响，提升整体社会的安全感。通过智能技术的引入，城市景观设计不仅为居民创造宜居环境，也为应对突发事件提供了强大的支持系统。

3.智能化安全设施的综合应用

首先，智能化安全设施的综合应用在城市景观设计中是确保安全性原则有效实施的首要步骤。视频监控系统作为其中关键的组成部分，可以实现对公共空间的实时监测。通过高清晰度的摄像头和智能分析算法，系统能够识别异常行为、物体和人群聚集，及时发出预警，有效降低潜在安全风险。

其次，智能感知设备的广泛应用也是综合应用的重要组成部分。这包括使用传感器、雷达、红外线探测器等设备，构建城市景观的感知网络。这样的设备可以检测到环境中的各类异常变化，例如，火灾、气象突变等，从而及时采取措施进行安全处理。智能感知设备的综合运用可以实现对多种安全事件的全方位监测和及时响应。

再次，智能安防系统的整合也是综合应用的关键。这包括入侵报警系统、紧急求救装置等多个子系统的协同工作。当视频监控系统和感知设备检测到异常时，智能安防系统可以自动启动相应的应对措施，例如，向警察局发送警报、触发防火系统等。这种综合应用能够快速、精准地响应各类安全事件，提高城市景观的整体安全水平。

最后，智能化安全设施的综合应用需要充分考虑隐私和数据安全问题。在设计过程中，应当采用先进的加密技术和隐私保护措施，确保安全设施运行的同时不侵犯个体隐私权。同时，建立完善的数据管理和共享机制，促进各个子系统之间的信息交流，提高整个系统的协同性。

二、设计中采用的策略和方法

（一）技术整合策略

1.智能感知与响应功能的实现

在技术整合策略的框架下，实现城市智慧景观的智能感知与响应功能是一项至关重要的任务。这一目标的核心在于将先进的物联网技术巧妙地融入景观设计，以实现对环境变化的实时感知和智能调整。

引入物联网技术是实现智能感知的关键步骤。通过在城市景观中嵌入各类传感器和智能设备，如环境监测传感器、摄像头、气象站等，可以实时收集大量环境数据。这些数据涵盖了气候、空气质量、光照等多个方面，为景观的全面感知提供了基础。物联网技术的应用使城市景观具备了更为敏锐的感知能力，能够及时捕捉到环境的变化。

实现智能响应是在感知的基础上进行的关键环节。通过将物联网技术与智能控制系统相结合，城市景观可以对感知到的环境信息做出及时而精准的响应。例如，当气象数据显示即将下雨时，智能灌溉系统可以自动启动，为植物提供适量的水源。同样，基于光照传感器的数据，景观中的照明设施可以自动调整亮度，实现能效的提升。

在智慧城市景观设计中，智能感知与响应功能不仅限于单一的技术应用，更是涵盖了多领域的智能化管理。例如，基于人流监测的数据，城市景观可以调整道路交通流量，提高交通效率。这种智能调控可以使城市景观更好地适应不同时间段和季节的需求，实现更灵活、高效的资源利用。

2.先进技术的融合

在实施技术整合策略的过程中，城市景观设计需要将各类先进技术有机融合，以构建一个整体化的智能系统。这种融合旨在提升城市景观的互动性、创新性，为居民和游客创造更具吸引力和智慧性的城市体验。

首先，人工智能技术的融入是技术整合策略的关键。通过引入人工智能系统，城市景观可以实现更智能、自主的管理和服务。例如，智能监控系统可以通过图像识别技术检测出景观区域的异常情况，提高安全性。人工智能还可以用于优化城市交通流量、预测公共服务需求等方面，促进城市高效运行。

其次，虚拟现实技术的运用为城市景观注入了沉浸式的体验。通过虚拟现实设备，居民和游客可以沉浸在数字化的景观体验中，感受到更丰富、多样的城市氛围。虚拟现实技术也可用于景观设计的模拟与评估，帮助设计师更好地了解设计方案的效果，并进行必要的调整。

在技术整合策略的框架下，人工智能和虚拟现实等技术的协同作用将景观元素推向新的高度。例如，在公共艺术中，通过人工智能生成的艺术作品可以结合虚拟现实技术，为居民呈现更具创意和互动性的艺术品。这种创新性的设计理念不仅提升了城市景观的艺术性，还为城市营造了更具未来感和科技感的形象。

3. 数据分析与智能管理

在技术整合策略的实践中，数据分析与智能管理成为至关重要的环节。这一实践旨在通过充分利用大数据，实现对城市居民行为习惯和偏好等信息的深入了解，从而为景观设计提供科学依据。同时，智能管理系统的应用通过数据反馈可以实现对城市景观的实时监控和管理，使设计更具针对性和高效性。

首先，数据分析在智慧城市景观设计中具有重要作用。通过收集和分析大数据，设计师可以获取关于城市居民行为的详细信息，包括他们的活动轨迹、停留时间、对不同景观元素的反馈等。这些数据有助于深入了解城市居民的需求和偏好，为定制化、个性化的景观设计提供科学支持。例如，通过分析市民在公园中的活动频率和时段，设计师可以合理规划公园的开放时间和活动区域，以更好地满足市民的休闲需求。

其次，智能管理系统的运用提高了城市景观的实时监控和调整能力。通过将各类传感器和监测设备整合到城市景观中，可以实现对环境、交通、安全等方面的实时数据采集。这些数据反馈到智能管理系统中，使设计师和城市管理者能够及时了解城市景观的运行状况，并根据需要进行调整和优化。例如，智能照明系统可以根据环境光线和人流密度自动调整亮度，提高能源利用效率，同时为市民提供更舒适的夜间环境。

数据分析与智能管理的实践不仅提高了景观设计的科学性和实用性，还为城市创造了更具适应性和智能性的景观环境。通过精细化的数据分析，设计师能够更好地了解城市居民的需求，为他们提供更加贴近生活的景观体验。而智能管理系统的运用则使得城市景观能够更灵活、更及时地应对不同情境和需求，提升城市的整体管理水平。

（二）社区参与策略

1. 广泛征求居民意见

社区参与策略在城市景观设计中强调了广泛征求居民意见和积极参与的重要性。通过组织社区会议、进行问卷调查等多种方式，设计师能够深入了解居民对城市景观的期望和需求，从而实现更加符合社区实际的景观设计。这一参与式的设计方法不仅有效提高了设计的针对性，还增强了设计的社会接受度。

首先，社区会议是促进居民参与的有力工具。通过定期组织社区会议，设计师能够与居民面对面交流，听取他们的意见和建议。这种直接的互动方式建立了设计师与社区居民之间的沟通渠道，增进彼此的理解，确保设计更贴近社区的实际需求。例如，在规划新公园时，可以通过社区会议征集居民对公园功能、设施和植被偏好的意见，以便更好地满足社区居民的休闲需求。

其次，问卷调查是广泛征求居民意见的有效手段。通过设计并发放问卷，设计师可以收集到更广泛的居民反馈，涵盖更多的群体和观点。问卷可以设计为多样化的形式，包括选择题、开放式问题等，以全面了解居民对城市景观的期望。在城市更新项目中，可以通过问卷调查了解居民对建筑风格、公共空间利用等方面的看法，从而更好地满足多元化的社区需求。

社区参与策略的实施不仅使居民在景观设计中发挥更大的作用，也为设计师提供了更全面的设计依据。通过广泛征求居民意见，设计师可以更准确地把握社区的文化、价值观和特色，确保设计更具社区认同感。这样的设计过程不仅提高了设计的质量，还使城市景观更加符合当地文化和社区需求，促进了社区的可持续发展。社区参与策略的成功实施是建设具有良好社会互动和共鸣的城市景观的重要一环。

2. 文化与需求的兼顾

社区参与策略的核心在于兼顾当地文化传承和居民实际需求，这是确保城市景观设计更符合社区特色和居民期望的重要方面。在设计过程中，应综合考虑文化和实际需求，以创造富有特色且深受居民喜爱的城市景观。

首先，兼顾当地文化意味着在设计中融入社区的历史、传统和文化特色。设计师应深入了解社区的文化根源，挖掘当地独特的文化元素，并将其有机地融入景观设计中。这包括建筑风格、艺术表达、传统习俗等方面的元素。例如，在城市公共空间设计中，采用当地传统建筑风格或在景观中设置艺术雕塑来展现社区的历史和文化底蕴，以增加景观的文化深度。

其次，关注居民实际需求是社区参与策略的关键。设计师需要通过多种方式

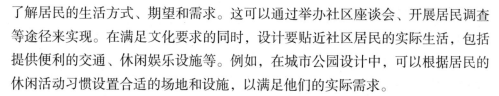

了解居民的生活方式、期望和需求。这可以通过举办社区座谈会、开展居民调查等途径来实现。在满足文化要求的同时，设计要贴近社区居民的实际生活，包括提供便利的交通、休闲娱乐设施等。例如，在城市公园设计中，可以根据居民的休闲活动习惯设置合适的场地和设施，以满足他们的实际需求。

通过文化与需求的兼顾，城市景观设计能够更好地反映社区身份认同，提高居民对景观的认同感和归属感。这种设计理念不仅使城市景观具有独特性，也提升了社区居民的生活质量。社区参与策略的实施使设计更加符合社区的实际情况，增加了设计的可持续性和社会接受度。这种以文化与需求为核心的设计方法有助于打造更加和谐、宜居的城市景观。

3. 社区参与式设计的实践

社区参与策略的实践是一项积极参与社区建设的过程，旨在与居民共同合作，共同打造具有独特特色和社区认同感的城市景观。设计师在实践社区参与式设计时，需要通过各种方式积极参与社区活动，与居民建立紧密联系，以确保设计能贴近社区实际需求和具有文化特色。

首先，设计师应主动融入社区。这包括参与社区会议、座谈会、活动等，与居民建立直接的沟通渠道。通过亲身参与社区生活，设计师能够更深入地了解社区的文化传统、居民的生活方式和需求，为后续的景观设计提供有针对性的参考。

其次，设计师应采用多元化的方式收集居民意见。社区调查、问卷调查、座谈小组等形式都是有效的工具，可以广泛征集居民的看法和建议。通过这些方式，设计师可以获取多元化的信息，更全面地了解社区居民对城市景观的期望，确保设计更具代表性。

再次，设计师应注重社区文化的融入。通过深入了解当地的历史、传统和文化元素，设计师可以将这些元素有机地融入景观设计中，以创造具有独特地域性和文化认同感的城市景观。这有助于提高居民对设计的认同感，增强景观的可持续性。

最后，社区参与式设计应具备民主性质。设计师与社区居民之间应建立平等的合作关系，尊重每个居民的意见和创意。通过民主的设计过程，社区居民有机会参与决策，使设计更加符合多数人的期望，增加设计的社会接受度。

社区参与式设计的实践不仅仅是为了完成一个项目，更是为了建立起社区共同体的认同感和凝聚力。通过共同努力，设计师和社区居民可以创造出一个独特而又具有社会广泛支持的城市景观。这种设计模式不仅能够提高城市景观的质量，也有助于社区的可持续发展和提升居民的幸福感。

（三）生态恢复策略

1.绿化措施的科学规划

生态恢复策略的实施要求通过科学规划来实施绿化措施，以有效恢复和保护城市的自然生态系统。在景观设计中，设计师需要精心规划，将城市绿化带、生态走廊等元素纳入设计范围，使其成为城市生态系统的重要组成部分。通过科学而系统的规划，可以更好地实现城市生态系统的恢复和生态平衡的维护。

首先，科学规划绿化带是生态恢复的重要一环。设计师需要通过对城市地形、气候和植被的科学研究，确定最适宜的绿化带位置和布局。合理规划的绿化带不仅可以美化城市环境，还有助于改善空气质量、减缓城市热岛效应等，从而对城市的整体生态环境产生积极的影响。

其次，生态走廊的规划需要考虑连接性和多样性。设计师应确保生态走廊在城市中形成有机的网络，连接不同的绿化空间和生态节点。这有助于促进野生动植物的迁徙，提高城市生态系统的稳定性和多样性。科学规划的生态走廊可以打破城市的封闭性，使城市成为生态系统中的一部分。

在规划中引入本地植物是另一个重要考量。本地植物更适应当地气候和土壤条件，能够更好地融入城市生态系统中，提高植被的生存率。通过合理选择植物种类，设计师可以实现绿化效果最大化，同时促进城市野生动植物的栖息和繁衍。

最后，生态恢复策略还需要注重对野生动植物的保护。设计师在规划中应充分考虑城市野生动植物的栖息地需求，提供安全的生态环境。通过设立野生动植物保护区、合理规划城市绿地，可以保护和促进城市的生物多样性，实现生态系统的可持续发展。

2.水系规划的生态化设计

生态恢复策略在水系规划中着重于生态化设计，通过科学规划城市水体，设计师能够创建生态湿地、人工湖泊等水景，促进水体生态系统恢复。这种生态化设计不仅令城市景观更为美丽，同时对水质改善、气温调节等方面产生积极影响，提升城市生态环境的整体质量。

首先，生态湿地的规划和建设是水系生态化设计的关键组成部分。通过合理规划城市湿地，可以提供自然的水净化过程，吸收和净化雨水、废水，从而改善水体质量。湿地还是众多植物和动物的栖息地，促进生物多样性，形成生态链，实现水体生态系统的动态平衡。

其次，人工湖泊的设计应当注重生态平衡。设计师可以通过引入适宜的水生植物，促进水体氧气生成，有效改善水质。在人工湖泊周边布置湿地带，增强湖泊生态系统的稳定性。这种人工湖泊不仅为城市增添了自然景观，还通过自我净化的生态机制改善了水体的质量。

再次，水系规划中的景观设计要充分考虑自然生态与人工美学的融合。通过营造自然的水景环境，结合美学元素，可以创造出既具有观赏性又保持自然生态平衡的城市水景。例如，合理设计水体边缘植被，选择具有观赏价值的水生植物，形成具有生态特色的景观带。

最后，生态化设计在水系规划中也要关注水体周边的生态廊道。通过合理规划水体周边的绿化带，连接自然生态系统，促进城市生态系统的整体协调。这种设计可以为城市居民提供休闲娱乐空间，同时维护水体生态系统的健康。

3.可持续性设计的整合

可持续性设计原则与生态恢复策略的整合是为了在城市景观中实现生态友好性和长期的可持续性。这一整合的核心在于将生态恢复的理念有机地融入可持续性设计中，通过多方面的手段来促使景观设计与生态环境的协同发展。

首先，选择适宜的植被是整合生态恢复与可持续性设计的关键步骤之一。设计师应当精心挑选当地适应性强、生长状况良好的植被，以建立具有自然生态特色的城市景观。这种选择不仅有助于提高植被的成活率，还能够形成有机的生态系统，实现对城市环境的生态修复。

其次，雨水花园等雨水管理设施的建设也是可持续性设计与生态恢复策略相互融合的具体体现。通过合理规划和建设雨水花园，人们可以收集和利用降水，减缓雨水径流速度，防止城市内涝，同时为植被提供充足的水源，促进景观生态系统的健康发展。这样的设计不仅具有雨水资源的可持续利用性，还有助于改善城市的水环境。

最后，整合生态通道与绿道系统也是可持续性设计与生态恢复策略相互融合的一部分。通过规划城市中的生态通道，连接自然生态系统，构建起城市绿道网络，有助于实现城市生态系统的整体协调。这样的设计不仅提高城市绿化率，还为居民提供了休闲娱乐的空间，促进了城市社区的可持续发展。

第二节　城市智慧景观实践示例

一、实践案例一

智慧城市的本质在于将新兴技术如高科技信息通信和人工智能等技术应用于

城市管理，旨在提升居民生活质量，更高效地利用资源，从而实现城市可持续生态发展的目标。本案例介绍了智慧 LB 项目，包括项目概况、总体设计、详细设计、专项设计等内容。结合该项目的具体情况，分析了 LB 城市文化中 LB 文化、智能科技、自然生态等元素的传承与发扬，详细阐述了智慧城市中的智能化应用，这些应用为 LB 居民提供了更便捷的服务，提高了生活质量，增进了人民的幸福感。

（一）项目概况

该项目位于 LB 老城区北侧，毗邻新城政务核心区。项目北界为双河路，南至潼河路，西临迎宾大道，东靠吴沟，总占地面积约 67117 平方米。项目区域内规划了两栋新建建筑，其中北侧地块划为政务服务中心区域，南侧地块划为后勤服务中心区域。这两个区域与政府办公大楼和钟灵文化广场相连，形成了 LB 智慧新城的中央文化景观轴。

政务服务中心区域和后勤服务中心区域的合理规划使其成为城市的核心文化地带。北侧政务服务中心区域致力于提供高效政务服务，与政府办公大楼相得益彰，形成政务服务的便捷网络。南侧后勤服务中心区域则为城市的后勤保障提供了支持，为城市运行提供必要的支持和服务。这两个区域的相互配合将整个项目打造成为一个有机、高效的城市中心。

（二）总体设计

整体设计上，场地的规整为景观设计提供了广阔的发展空间。整个景观被构思为智慧 LB 的政务绿心，采用了双轴四园的布局结构，即南北文化轴和东西智慧轴，巧妙地连接了政务服务中心和后勤服务中心。设计在兼顾景观性的同时，注重交通功能的便捷性和合理性。整个园区的车行流线采用环形分布在区域外侧，直通地下车库，实现人车分流，互不干扰。场地外围设置了停车区域，以方便外来办事人员快速进出，从而节省时间。人行流线则通过广场连接快速直达办公区域，旨在提高整体运作效率。庭院区域的人行流线设计层级丰富，创造了步移景异的景观效果。

在智慧 LB 的设计中，注重将 LB 文化融入其中，唤起 LB 人对历史的记忆，打造具有智慧特色的城市空间。南广场设置了智慧 LB 地雕，而后勤服务中心则采用书轴水帘景观雕塑，运用声光电智能技术，结合 LB 政务文化宣传，呈现出实时变化的景观效果。

（三）详细设计

1.政务服务中心南入口广场设计

（1）地面浮雕及声光电技术应用

在政务服务中心南入口广场轴线上，通过设计 LB 地图的地面浮雕，巧妙地结合声光电技术，实现了白天通过开关按钮进行听音，晚上则通过声音和灯光的方式，展现 LB 城市文化。智能大数据提供实时更新的听音内容，与城市发展变化同步。这一设计不仅使得广场成为文化传承的载体，还提供了人们与城市互动的媒介。

（2）智能化景观元素

东西两侧景观内设置了党建文化宣传小品、智能座椅、顶棚可移动阳光廊、趣味铺装等智能化景观元素。这些元素不仅通过智能弱电系统实时跟进最新资讯，而且运用太阳能发电、语音对话控制等技术，为座椅提供自加热和充电功能。趣味铺装在不同天气条件下呈现不同的效果，而萤火虫灯光则增加了夜晚的趣味性，为环境增添了一分活力。

（3）创新的可移动阳光廊

顶棚可移动阳光廊采用智能化设置，使人们能够在需要阳光时通过语音对话打开顶棚，感受阳光的温暖；而在不需要阳光或下雨时，又可以通过语音对话关闭顶棚，达到遮阳或避雨的效果。这种创新设计充分考虑了人们的需求，提供了更加便捷的体验。

（4）智能互动的趣味性

趣味铺装的智能亮化和萤火虫灯光的智能互动，使整体景观增添了趣味性。这不仅提升了人们在广场的互动体验，同时也为城市创造了更具科技感的形象，进一步丰富了居民和游客的感知。

2.后勤服务中心北侧入口广场设计

（1）广场设计及环形消防通道

北侧入口广场以大面积的铺装形成开阔视野，满足交通集散的需求。广场外侧设置环形消防通道，提供了广场外部的安全保障。中心轴线上的广场通道连接了后勤服务中心南门与政府办公大楼北门，形成了一个便捷的交通网络。

（2）书轴水帘雕塑及光电智能技术应用

广场中心设置了一组书轴水帘雕塑，利用光电智能技术实时展示政务宣传文化。这种设计不仅为政务文化的传播提供了立体的表达形式，同时通过智能科技的运用，使得雕塑成为城市文化的新型载体。

（3）智能化宣传小品和休息设施

广场两侧设置了融入智能科技的宣传小品和休息设施。这些小品通过智能技术提供信息，同时休息设施为城市居民和游客提供了休憩的场所。这种结合宣传与休闲的设计使得广场成为传递文化的平台，也满足了人们在城市中放松身心的需求。

（4）智能化的生态智能停车空间

东西两侧结合现状水塘，在人工智能技术的支持下，通过智能化技术建造了生态智能停车空间。这一停车空间解决了后勤服务中心的停车问题，同时通过智能亭和互动音乐喷泉等景观元素，为停车区域增添了趣味性和智能科技感。

3.生态智能水景园设计

（1）互动音乐喷泉及智能化技术

东西两侧结合现状水塘，在 AI 技术的支持下，通过智能化技术建造了花样互动音乐喷泉。这一景观元素具有观赏性和互动性，使水景园成为一个具有娱乐性和艺术性的场所。喷泉通过技术手段，让水滴随手势舞动而响起音乐，同时泛起涟漪，为游客提供了一种身临其境的感觉。

（2）雨水收集管理与净水系统

水景园内结合现状水塘设置了雨水收集管理与净水系统。这一系统通过智能化技术，实现了雨水的收集、管理和净化。这不仅提高了水资源的利用效率，同时为整个园区的水系统构建了一个可持续循环的生态环境。

（3）智能亭的实现

水景园内设置了智能亭，通过物联网技术，人在亭内休息时可以与亭进行互动。这种智能亭不仅具备休息功能，还通过科技手段增加了亭与人之间的互动性，使得园区更具科技感和现代感。

（4）生态智能停车空间

生态智能停车空间的设计结合水塘现状，通过人工智能技术实现了智能停车系统。这一系统利用科技手段提供了方便快捷的停车服务，同时通过绿化围合，使得停车空间与生态环境相融合，为城市景观增色添彩。

（四）专项设计

1.植物设计的生态性、功能性和植物配比的合理性

智慧 LB 项目在植物设计方面注重生态性、功能性以及植物配比的合理性。入口空间采用规则式种植，两侧大乔木形成简洁大气的轴线感，为入口区域增添仪式感。庭院空间以自然式种植为主，通过错落有致的绿化组合，创造四季有花、

花开满园的庭院景观。在植物设计中融入了土壤生态监测系统和智能灌溉系统，实现了人与自然的智能连接，使居民能够实时感知植物的生长状态，实现互感、互知、互动。

2.铺装材料设计的生态透水性和美观性

项目的铺装材料设计以生态透水性为主，采用生态透水混凝土、仿石材铺装、透水沥青混凝土路面等。结合新型材料和人工智能技术，在保证了地面铺装的功能性基础上，通过颜色分析和智能投影技术，实现了铺装颜色和图案的动态变化，增加了硬质铺装的观赏性和互动性。这种设计不仅提高了铺装的实用性，同时也为城市景观注入了美学元素，使其既具有实际功能，又具有艺术感。

3.智能灯杆的多功能设计

路灯设计在利用太阳能的基础上，采用多杆合一的智慧灯杆，集成了照明设施、交通标志、电子警察等多种功能。公共广播系统、WiFi、气象监测感应装置和人脸识别系统等功能的添加提升了园区的整体形象。萤火虫灯、树形感应灯等趣味灯的设置使夜晚的景观更具趣味性。智能照明的应用不仅节能环保，也提高了城市的管理效率，助力智慧城市建设。

4.户外智能小品的创新应用

项目中设置了多种智能小品，包括太阳能智能座椅、智能垃圾桶、智能标识等。这些设计充分利用全区域 WiFi，使人们在庭院空间内可以享受自发热的座椅，通过智能垃圾桶实现无接触式垃圾处理，而智能标识则提供了便捷的导航服务。这些智能小品的应用既满足了人们的实际需求，又提升了园区的科技感和现代感。

5.雨水花园的生态设计

项目采用海绵城市的设计手法，通过叠级绿地、生态草沟等措施，将园区内的绿地打造成雨水花园。雨水花园不仅实现了雨水的渗透和循环利用，还能去除径流中的有害物质，为昆虫和鸟类提供良好的栖息环境。通过植物配置和蒸腾作用，雨水花园调节环境湿度与温度，改善小气候环境。这一设计使得园区不仅具有生态功能，还呈现出新的景观感知与视觉感受。[5]

（五）案例启示

1.智慧城市的核心技术与可持续发展目标

智慧城市的核心技术是智能计算，其应用涵盖市政交通、建筑设计、信息管理、教育资源与公共服务等各行各业。通过智能计算，城市运营的各个方面都受到影响，从而实现更高效的资源利用和提高人们的生活质量。最初，智能城市主要用于描述数字城市，但随着一些新技术的发展演变，人们逐渐认识到智慧城市是新兴技术如信息通信和人工智能的智能化应用，为可持续发展目标提供支持。[6]

2.景观环境与人工智能技术

景观环境成为人工智能技术展示的良好舞台，展示着各种前沿的先进技术和高科技产品，传递最新的技术信息。这体现在构筑物的高科技材料、生产和工艺上，以及设计方法的新技术应用。通过人工智能的模拟、修改和设计，景观设计中的技术性问题得以容易解决。智能化技术的运用可以提供更好的场所体验，使景观环境充满科技含量，与时俱进。

3.智慧景观的和谐平衡与未来发展

智慧景观最终将回归自然，融入当地历史与文化，实现人与自然的和谐平衡。智慧生态即城市与自然的融合，友好地处理场地与环境问题，通过生态处理手法打造宜人的活动空间。智慧体验则是通过引用最先进的科技手段来优化景观空间，运用物联网技术宣传与体验景观，利用科技手段保护与监测历史文物及生态景观。人工智能技术为城市的未来发展和景观设计提供了重要的技术支撑，将在可持续发展理念下推动城市环境的新模式，实现人与生活的和谐统一。

二、实践案例二

最近几年来，城市建设已经从增量扩张逐渐转向存量优化，重点关注提升街区管理质量、打造品质城市以及积淀文化底蕴等方面。在这一背景下，智慧工具在城市建设中的深化应用成为我国城市发展的重要工作思路之一。本案例将探讨福建泉州晋江WD传统历史文化街区景观再生产的相关背景、展开进程、改造必要性以及面临的问题。通过明确基本原则、促进绿色出行和盘活文化工具等角度，提出将再生产和智慧城市概念导入晋江WD传统历史文化街区景观提升的具体策略，以支持相关实践应用和理论深化。

（一）晋江传统历史文化街区景观再生产概述

晋江市是福建省经济最发达的县级市之一，其中WD传统街区作为晋江城区的发源地，不仅是当前热门的旅游景区，更是位于城市中心的晋江发展之源。

1.晋江传统历史文化街区景观再生产的重要性

晋江WD市的历史文化风貌在整个区域中保存较好，呈现出浓厚的闽南特色，这里集中了大量传统的闽南建筑。在周围高楼林立的现代街区中，WD显得格外独特。从历史文化街区的景观再生产的角度来看，WD不仅拥有丰富的传统建筑，还传承了大量的物质和非物质文化遗产。许多居民至今仍选择在WD范围内居住，而传统的民俗祭祀等活动也在这一区域内得以保留和传承。这表明WD不仅是推动传统街区历史向现代演进的重要认同基础，也是文化遗产向外界展示的关键窗口。[7]

在这一背景下，对 WD 历史文化街区景观进行再生产显得尤为重要。

首先，WD 承载了丰富的历史文化底蕴，通过景观再生产，可以更好地保护和传承这一珍贵的文化遗产。

其次，作为居民的居住地，景观再生产可以提升 WD 的居住环境，为居民提供更好的生活品质。

此外，WD 作为文化遗产展示的窗口，通过景观再生产可以使其更具吸引力，吸引更多游客和参观者，推动地方文化的传播和发展。

2. 晋江传统历史文化街区景观再生产的核心优势

首先，晋江 WD 市的地理位置优越是其景观再生产和智慧城市系统导入的核心优势之一。位于福建泉州晋江市，WD 地理位置独特，周边环境宜人，这为景观再生产提供了得天独厚的条件。此外，WD 的建筑景观长期保存良好，保持了传统风貌的完整性。这意味着在景观再生产过程中，可以更好地保护和传承丰富的历史文化，使其成为城市发展的亮点。[8]

其次，WD 历史文化街区展现了传统风貌的较高协调性和建筑连续性。这种协调性和连续性为景观再生产提供了基础，使整个街区在再生产中能够形成更有机、统一的整体风貌。建筑的协调性也使 WD 在智慧城市系统导入方面更容易实现各项功能的有机衔接，为城市的智能化发展奠定了基础。

再次，WD 历经多个朝代，街区内的建筑呈现出不同朝代风格的碰撞和文化的衔接。这为景观再生产注入了丰富的历史文化内涵，使 WD 不仅是一个现代城市的一部分，更是历史文化的载体。在智慧城市的发展中，这些历史文化元素将成为城市形象和城市故事的有力表达。

最后，从结构层面来看，WD 区域内的建筑品类繁多，结构差异大，使用了多种工艺。这使得在景观再生产过程中，人们可以更灵活地进行改造和更新。建筑的多样性为智慧城市系统的导入提供了更多可能性，也使城市功能更加多元且全面。[9]

3. 晋江传统历史文化街区景观再生产的主要问题

首先，晋江 WD 市作为市中心人流较大的传统历史文化街区，在面临快速发展的同时，出现了一系列交通拥堵、噪声污染、商业活动对居民生活造成不便等问题。这主要是由于其成为热门旅游景点和商业中心，导致车辆增加、人流集中，使传统街区的生活环境与居民理想要求之间产生矛盾。解决这一问题需要在景观再生产中合理规划商业区域，优化交通流线，提高居民的生活品质。

其次，WD文物景观在历史演变和居民保护意识不足的影响下，面临着历史遗迹与历史文物价值不得体现的问题。部分历史遗迹虽然保存较好，但却未能充分展示其文化价值，有的甚至因缺乏传承管理而面临损毁。解决这一问题需要加强对历史文物的保护和合理利用，提高居民对历史文化的认知，确保历史遗迹得到妥善保存和传承。

再次，WD历史文化街区内的景观错落有致，传统建筑具有浓厚的传统和现代色彩，但一些家庭对于院落的保护存在不足，出现了随意搭建和掩盖原有样貌的问题。解决这一问题需要在景观再生产中规范建筑改造，加强居民的文化保护意识，保持传统建筑的原汁原味。

最后，WD历史景观的价值被低估和受到破坏，古井、古树、街角石块等文化元素可能因为被遗忘而受到破坏。在城市新建和日常管理中，这些文化元素可能会被忽视，导致其价值无法得到充分发挥。解决这一问题需要加强对文化元素的保护和管理，通过科技手段确保其得到妥善利用。此外，植物景观方面也存在层次单一、配置不合理、小品设施缺乏风格和亮点等问题，需要在景观设计中考虑多元化植被配置，增加景观层次感。

在公共设施与景观配套方面，垃圾桶和休息座椅等基础设施较少，休息区域和通行区域的风格不够统一，指示牌与护栏等缺乏特色设计。解决这一问题需要加强公共设施建设，提升城市家具的设计水平，使其更好地融入传统历史文化街区的整体风貌。

（二）基于智慧城市视角的历史文化街区景观再生产路径设计

1. 将景观再生产概念导入晋江传统历史文化街区改造

从景观再生产的理念出发，对于晋江传统历史文化街区的改造提升，需要将服务于人们对良好体验感受的需求作为核心。历史文化街区不仅是物质历史元素的集成空间，更是人们日常生活的共享空间。因此，在进行景观再生产时，必须全面考虑空间的视角、功能的需求，以及居民对于良好生活体验的追求。[10]

首先，景观再生产的过程需要对历史文化街区的空间进行分类，对不同的景观类型进行细致划分。这包括但不限于历史建筑区、文物遗迹区、居民区等，通过分类明确不同区域的特色和功能，为后续的改造提供有力支持。在这一过程中，需要深入挖掘历史文化街区的文化内涵，理解不同区域的历史价值，以确保改造过程中的保护性开发。

其次，景观再生产需要对各个区域的元素进行集成，使整体的景观布局更为协调和谐。这包括建筑元素、绿化植被、文化艺术品等多个方面，通过精心设计和规划，使这些元素在历史文化街区中相互辉映，形成独特而美丽的景观。同时，充分考虑居民的需求，使景观再生产不仅满足历史文化的保护，更服务于当代人们的生活体验。

在维护景观空间秩序和重塑时间秩序的过程中，交通功能、生活功能、降噪功能和美观功能等多个方面的需求应得到充分考虑。通过科学规划和合理设计，实现历史文化街区的多功能融合，使其既具有丰富的历史文化内涵，又能够满足现代居民的多样化需求。

最后，将再生产理论导入晋江 WD 的历史文化街区改造，需要深入探索发展策略。这包括通过智慧城市技术的引入，提升历史文化街区的管理效率，加强对文物的保护和利用，以及通过科技手段实现历史文化的数字展示与传播。同时，注重历史文化街区与当地社区、市民的互动，通过公众参与的方式，形成更具活力和可持续发展的历史文化空间。

2. 将智慧城市概念导入晋江传统历史文化街区

以智慧城市的视角进行晋江传统历史文化街区的改造，需要深入整合大数据、人工智能和互联网等城市管理工具，实现资源的有效导入、技术的升级和人员的合理配置。这一过程不仅涉及技术层面的应用，更需要依托具体的平台展开相关建设工作，以推动历史文化街区的可持续发展和现代化管理。

首先，在大数据方面，智慧城市的理念可以通过对历史文化街区的空间利用、人流热点、文化活动等数据进行采集和分析，实现对街区运行状态的实时监测和精准评估。这为决策者提供了科学的依据，使其能够更加准确地制定管理策略、规划城市发展方向。通过大数据的支持，历史文化街区的管理将更加高效、智能，有助于提升城市运行的整体质量。

其次，人工智能技术的整合将为晋江历史文化街区的改造带来更多可能性。通过人工智能技术，可以实现对历史文化元素的深度挖掘和保护，为文物修复、展示和数字化管理提供更为先进的手段。同时，人工智能还可以在城市管理中发挥重要作用，如智能交通管理、智能灯光控制、智能垃圾分类等，从而提升历史文化街区的整体品质。

互联网的广泛应用也是智慧城市建设的关键一环。通过建设智能化的城市互联网平台，可以实现历史文化街区内外信息的实时交流与共享。这包括对居民生活的智能化服务、历史文化信息的数字展示与传播、城市设施的远程监控与管理等多个方面。通过互联网的应用，历史文化街区不仅可以更好地服务于当地居民，也能够吸引更多游客参与文化体验，促进城市文化的繁荣。

最后，在资源导入、技术提升和人员配置方面，需要建立完善的城市管理体系。这包括制定相关政策法规、培训相关人员、引入先进技术设备等多个层面。通过科学而有序的管理，可以更好地推动智慧城市理念在历史文化街区的实际应用，为城市改造提供可行性支持。

3.基于智慧城市视角的历史文化街区景观再生产

（1）明确基本原则

首先，在智慧城市视角下，历史文化街区景观再生产规划设计的第一步是明确基本的执行原则。相关部门应制定晋江市街道设计导则，明确街道空间景观设计的需求，以满足晋江 WD 历史文化街区的保护性开发和景观提升的总体要求。这需要依据晋江市的实际情况，结合历史文化街区的特色，明确设计要点，深入挖掘功能设施完善、活动空间拓展、景观附属优化等执行价值。

其次，借鉴深圳市等城市更新和武汉市等历史文化街区保护性提升的标准体系和规划方式。这意味着政府部门需要学习先进城市规划和景观再生产的理念，将其应用于晋江 WD 历史文化街区的改造。此外，要明确晋江市历史文化街区再生产开发适用的相关政策文件及其应用范围，形成方案性文件，为智慧城市建设和景观再生产应用提供指引。[11]

最后，政府部门要在国家相关法律、法规规定的范围内，寻求历史文化街区景观再生产的具体适用方案。这需要从整体规划到核心街道景观提升逐一展开，形成方案性文件。这些文件要完善整体规划结构，满足多元功能定位、建筑立面优化、整体风格统筹、智慧交通提升和景观绿化完善等执行细则要求。

（2）打造绿色街道，促进智慧出行

首先，在 WD 范围内，特别要注重绿色街道建设和智慧工具的应用。为提升城市街道建设的整体性并匹配历史文化街区的风格，工作人员在开展景观设计时需要明确具体的交通动线和红线范围。这要求满足步行、非机动车出行和公共交通出行等立体智慧交通网络建设需求，以保障行人通行和公共交通运行便捷，构建智慧交通体系。

其次，政府部门要提升街区内的绿化品质，合理安排功能性景观小品。围绕交通动线的人流和车流，可以设置降噪绿化墙，加强区域内的景观小品设计和道路辨识性标签设置。这将有助于推动公共设施设备向智能化、智慧化和交互化的方向更新。增设与区域风格相匹配的智能交通信号灯、智能交通站牌、智慧垃圾桶等，优化各项设施的外观设计，提升整个街区的审美与服务水平。

最后，政府主导部门要构建智慧化工具深度融合的历史文化街区再生产立体景观。将特色文化与再生产的景观创新结合，以数字科技和智慧产品赋能立体景观构建和街区文化氛围提升。这包括通过数字化整合和虚拟现实在线的方式免费向公众提供展演，增强人们的文化沉浸感及历史感知度，达到保护晋江文化特色并彰显城市文化魅力的景观提升目的。

（3）科学规划引领，运用智慧工具盘活文化资源

首先，政府和相关执行机构要深度挖掘 WD 历史文化街区的特色，将居民的生活舞台、街巷空间、休闲空间和商业空间等包装为具有共享属性的互动空间。这需要政府部门协调文物部门对区域内的文物进行综合摸底和保护性研究。并与建筑设计行业内的权威单位展开合作，联合设计 WD 历史文化街区景观提升方案，基于经济成本可控原则展开保护性开发和适度修缮工作。

其次，政府部门要避免将历史文化街区定位为商业旅游街区的传统开发误区。在制定规划时，要提高标准和起点，协调文物部门对区域内的文物进行评估和保护性研究。避免同质化商业规划问题的出现，确保历史文化街区的再生产不仅仅是商业化的开发，更要注重文化的传承和保护。

再次，政府主导部门可以与建筑设计行业内的专业单位展开合作，共同设计 WD 历史文化街区景观提升方案。这包括深入挖掘闽南地区的文物价值和文物保护方式，以及综合评价历史文化、民俗文化等方面的特色。通过对传统文化区域、商业文化区域、旅游观光区域、公建租赁区域等的合理规划，构建立体的景区文化方案，从而形成具有吸引力和独特性的历史文化街区。

最后，政府主导部门需要将数字智慧技术与特种文化保护工作结合起来。深入挖掘历史文化和民俗文化，盘活街区的文化资源。通过数字化整合和虚拟现实在线的方式，免费向公众提供展演，增强人们的文化沉浸感及历史感知度。将文化遗产以数字化整合的形式呈现，通过智慧城市工具与文化资源的结合，提升历史文化街区的文化氛围和吸引力。

（三）案例启示

本案例着眼于智慧城市的背景，对晋江 WD 传统历史文化街区景观再生产进行了深入探讨，涵盖了其基本背景、展开进程、改造必要性以及所面临的问题。从明确基本原则、促进绿色出行，以及盘活文化工具等多个视角出发，提出了将再生产和智慧城市概念引入晋江 WD 传统历史文化街区景观再生产的具体策略。这一探讨旨在为相关实践应用和理论深化提供有益的参考。

第三节　城市景观可视化与公共艺术

一、智慧景观的可视化方法

（一）先进的三维建模技术在城市景观设计中的应用

在智慧景观设计中，先进的三维建模技术扮演着重要的角色。这种技术的采用不仅是为了强化设计沟通，更是为了通过直观而生动的方式呈现设计方案，以更好地满足决策者和居民的需求。

1. 采用三维建模技术的意义

三维建模技术在景观设计中具有重要的意义。通过采用先进的三维建模技术，设计方案可以更为具体、生动的形式呈现，从而消除抽象概念可能带来的误解。这种技术为景观设计者提供了强大的工具，能够清晰地展示景观设计的各个方面，涵盖建筑结构、绿化布局、交通流线等多个要素，使相关方能够更深入地理解设计的细节和整体构思。

在规划初期，三维建模技术有助于澄清设计意图。通过立体展示，设计者能够将抽象的概念具体化，使决策者、业主和其他相关方更为直观地理解设计的目标和愿景。这种清晰的表达方式帮助各方形成共识，减少沟通障碍，为后续的规划和执行提供了坚实的基础。

在后续的执行阶段，三维建模技术为项目提供了具体而明确的指导。设计方案在建模过程中能够呈现出每个细节的空间关系和形态特征，为施工、绿化、道路布局等方面提供了清晰的方向。决策者和执行团队能够直观地了解设计要求，确保实际落地与设计方案一致。这有助于提高施工的效率，减少设计变更可能增加的成本以及由此导致的工期延误。

2. 设计沟通的关键手段

在智慧景观设计中，设计沟通被认为是推动项目成功的关键手段。先进的三维建模技术在这一过程中扮演着重要的角色，为设计者提供了更直观、生动的交流工具，使其能够更有效地与决策者、业主和社区居民进行沟通。这种直观性的表达不仅降低了沟通中的歧义和不确定性，还在多方之间形成更广泛的共识，提高了设计方案的接受度。

三维建模技术为设计者提供了一个直观而清晰的展示平台，能够将设计概念以真实感的形式呈现出来。通过可视化的方式，设计者能够在虚拟环境中展示景观设计的各个方面，包括建筑结构、绿化布局、交通流线等多个要素。这样的展示方式使决策者和其他相关方能够更深入地理解设计的细节和整体构思，减少了信息传递过程中的理解偏差。

设计者可以运用三维建模技术与决策者和业主共同探讨设计方案的细节，调整和优化设计，使其更符合各方的期望和需求。这种交互式的沟通方式促进了设计的逐步完善，确保设计方案在早期得到充分的验证和认可。同时，社区居民也可以通过这种方式参与到设计讨论中，分享他们的意见和建议，实现更为民主、开放的设计决策过程。

（二）虚拟现实技术的运用提升可视化体验

虚拟现实技术的快速发展为城市景观设计提供了全新的可能性。这种技术能够创造出沉浸式的环境，使观众仿佛置身于未来城市景观之中，进一步提升了可视化的体验。

1. 沉浸式体验的优势

虚拟现实技术以其沉浸式的体验为决策者和居民提供更全面、真实的感受，具有显著的优势。这种沉浸式体验使人们能够更深入地理解设计方案所带来的变革和创新，进而激发更积极的参与和支持。在城市景观设计中，沉浸式体验具有以下三方面的优势。

首先，沉浸式体验提供更全面的感知。通过佩戴虚拟现实设备，参与者可以沉浸在虚拟环境中，仿佛置身于实际场景之中。这种感知方式不仅涵盖了视觉信息，还包括听觉、触觉等多个感官的参与，使人们能够更全面、更深入地感受设计方案所呈现的景观特征。

其次，沉浸式体验有助于深化对设计变革的理解。通过虚拟现实技术，决策者和居民能够更为清晰地看到不同场景下的景观特征，包括光影效果、氛围感等。这样的直观展示使人们更容易理解设计方案所带来的空间变化和视觉效果，有助于深化对设计理念的认知，从而形成更为明确的观点和态度。

最后，沉浸式体验能够激发居民积极参与和支持。当决策者和居民通过虚拟现实技术亲身体验设计方案时，他们更容易对设计产生共鸣和认同，从而更愿意参与讨论和支持设计的实施。这种直观的参与体验有助于建立共识，促使各方更加积极地参与到景观设计的决策和执行过程中。

2. 实际应用场景

虚拟现实技术在城市景观设计中的应用已经在一些城市规划项目中取得了成功，并展现了广阔的实际应用场景。通过虚拟现实技术，城市规划者、决策者和公众能够在虚拟的城市空间中进行漫游，亲身体验设计方案，这为城市景观设计带来了新的交互性和参与感。以下是虚拟现实技术在城市景观设计实际应用中的一些场景。

首先，城市规划项目中的虚拟漫游。通过三维建模和虚拟现实技术，城市规划者可以创建真实感十足的虚拟城市环境。决策者和公众可以在虚拟空间中漫游，如同置身于实际城市中一样。他们可以自由移动，观察景观特征、建筑结构等，全方位地感知设计方案所呈现的城市景观。这种虚拟漫游的体验使得决策者更直观地了解设计的空间布局和效果。

其次，设计方案的虚拟体验。虚拟现实技术为设计方案提供了实时的虚拟体验平台。设计者可以在虚拟环境中调整景观元素、光照效果、材质等，实时观察这些调整对整体景观的影响。这种实时的虚拟体验有助于设计者更准确地调整和优化设计，提高设计方案的质量和实用性。

最后，公众参与决策的虚拟互动。通过虚拟现实技术，城市规划项目可以开展虚拟的公众参与活动。居民可以通过虚拟漫游、互动体验等方式参与到景观设计的决策过程中，表达他们的看法和建议。这种虚拟互动使得公众参与更加生动和直观，有助于形成更广泛的共识。

二、公共艺术在城市景观中的融合

（一）公共艺术赋予城市景观文化内涵与审美价值

1. 文化内涵的注入

公共艺术的融入为城市景观注入了深厚的文化内涵。通过在城市空间中精心嵌入艺术品，城市不再仅仅是建筑和道路的堆砌，更成为文化的承载者。艺术品的存在赋予城市以生命，展现了城市的历史、传统和独特的文化特色。这不仅仅是简单的装点，更是对城市文脉的有机融合。在这个过程中，公共艺术成为城市居民感知城市深层次文脉的重要媒介，为他们提供了欣赏和理解城市的机会。

在智慧城市背景下，公共艺术的文化内涵可以通过数字化手段得以传承和呈现。数字技术为公共艺术注入了新的时代内涵，使其更符合当代社会的需求。通过虚拟展览、数字化艺术品展示等方式，可以将传统的公共艺术与现代科技深度融合，呈现丰富多样的文化表达形式。数字化手段还可以实现艺术品的互动性，居民能够直接地参与到城市文化的创造和传承中来。

这一文化内涵的数字化传承不仅仅是对传统的延续，更是对城市文化底蕴的弘扬。通过数字技术，公共艺术可以更好地展现城市的独特韵味，激发居民对城市文化的认同感和自豪感。数字媒体的运用使得文化内涵得以更广泛的传播，观众可以通过互联网平台随时随地感知和了解公共艺术的文化内涵，促使城市文化更好地融入人们的日常生活。

2. 审美价值的提升

公共艺术为城市景观带来了更高的审美价值。艺术品的存在不仅令城市更具美感，同时也美化了城市的整体视觉环境。这样的美学注入使城市更加引人注目，赋予了城市独特而令人难忘的形象。市民在欣赏公共艺术作品的过程中，不仅仅是获得了审美的愉悦，更是深刻体验到城市美好的一面，从而增强对城市的认同感和自豪感。[12]

在智慧城市的理念下，数字技术的广泛运用为公共艺术提供了全新的表现形式，进一步提升了其审美效果。其中，投影技术的应用是一个典型的例子。通过投影技术，可以将多媒体艺术呈现在建筑物或公共空间的特定区域，使艺术作品的呈现更为突出、生动且多样化。这种数字技术的运用使得公共艺术作品能够在不同时间、不同场景中展现出不同的面貌，丰富了居民的审美体验。

最后，数字技术还为公共艺术注入了互动性的元素，使市民能够更直接地参与到艺术的创造和解读中。例如，通过智能设备的互动，观众可以与公共艺术产生互动，改变艺术作品的展示形式，实现观众与艺术品之间的互动体验。这种互动性不仅提高了公共艺术的趣味性，也拉近了观众与艺术品之间的距离，提升了市民对城市的审美水平。

3. 连接城市与居民情感的纽带

公共艺术在城市中的作用不仅仅局限于美化环境，更重要的是它作为连接城市与居民情感的纽带。艺术品成为城市的象征，通过艺术作品，城市向居民展示独特的文化、历史和情感信息。在智慧城市的实践中，数字互动技术为公共艺术作品与居民之间的情感联系提供了更为直接和深刻的途径。[13]

在数字时代，通过数字互动技术，公共艺术作品能够更好地与居民产生互动。例如，通过社交媒体平台，市民可以分享对公共艺术的观感和体验，形成艺术品在社交网络上的传播。这种互动不仅使得居民更直接地参与到城市文化的创造和传播中，也为城市艺术作品赋予了更为丰富的社会意义。市民通过分享对艺术品的理解和感悟，形成了共同的城市记忆，进一步加深了对城市文化的认同感。

最后，数字互动技术还可以通过在公共艺术作品中嵌入感应和反馈机制，实现艺术品与观众之间的实时互动。观众可以通过智能设备与艺术品互动，改变艺术品的呈现形式，产生更为丰富和个性化的艺术体验。这种互动性使得居民能够更深度地参与到城市艺术的创造和欣赏中，拉近了居民与城市文化之间的距离，形成更为紧密的情感联系。

（二）技术手段促成公共艺术与城市功能的有机结合

1.数字化手段的应用

在智慧城市的框架下，数字化手段为公共艺术与城市功能的有机结合提供了新的可能性，使公共艺术作品更具互动性和深度连接的特质。数字技术的应用为公共艺术带来了新的表现形式，进一步丰富了城市景观的层次和内涵。

通过数字技术，公共艺术作品可以与市民产生更为直接和个性化的互动。例如，通过手机 APP 等智能设备，市民可以与艺术品进行实时互动，了解艺术品背后的故事、创作理念或相关信息。这种数字化互动不仅丰富了市民对艺术作品的理解，也使得公共艺术作品成为城市中引人注目的亮点。数字技术的引入为公共艺术注入了现代和前卫的元素，同时艺术作品与当代科技实现深度融合。

最后，数字技术还为公共艺术提供了更广泛的传播途径。通过数字媒体平台，公共艺术作品可以在城市范围内进行实时传播，触及更多的观众群体。市民不仅可以在现场感受艺术作品，还可以通过互联网渠道随时随地欣赏到这些作品。数字化手段的应用使得公共艺术的影响力更具扩散性，为城市文化的传播和共享提供了更为便捷和广泛的途径。

2.智能化的艺术装置

借助智能化技术，公共艺术可以更深入地融入城市功能，通过设置具有感应技术的艺术装置，实现艺术与功能的有机结合。这种智能化的艺术装置不仅具备观赏价值，还能够为城市提供实际的功能性服务，如光照调节、环境监测等，为城市景观带来更多层次和创新。[14]

智能化的艺术装置可以根据环境变化或市民互动的情况进行智能调控。例如，通过感应技术，艺术装置可以感知周围环境的光照强度、气温、湿度等参数，从而实现光照的自动调节，为周围空间创造出更为舒适的光环境。这种智能调控不仅提升了艺术品的观赏性，同时也为实现城市空间的舒适性和宜居性创造了条件。

智能化的艺术装置还能够与市民进行互动，创造参与式的城市体验。通过与公众互动，艺术装置可以呈现出多样化的状态和形态，使市民成为艺术创作的一部分。例如，市民的行为可以触发艺术装置的变化，从而形成一种动态的城市景观。这种互动式的艺术体验不仅提高了市民对城市的参与感，也为公共艺术注入了更多生动有趣的元素。

3. 便利与实际的结合

通过智慧技术，公共艺术作品与城市功能的结合为市民提供了实际便利。举例而言，具有数字导航功能的艺术品可不仅仅是艺术品本身，更是城市的导航标志，为市民提供方向引导，使其更便捷地行走于城市之间。这种有机结合不仅在艺术性上具有独特的观赏价值，还增加了城市的实用性，为市民的出行体验带来新的可能性。

数字导航功能的公共艺术作品不同于传统的导航标志，它通过智能技术与城市信息系统相连接，可以实时获取城市的交通状况、路径规划等数据。当市民需要进行导航时，艺术品可以通过数字显示或互动装置展示最优的行走路径，提供实时的导航信息。这样的智能导航艺术品不仅仅是指示方向的标志，更是与城市网络相融合的信息终端，使市民在出行过程中能够便捷地获取城市信息，优化出行路径。

这一有机融合不仅提高了城市导航系统的智能程度，同时也为公共艺术注入了更多实际的功能性。数字导航艺术品的出现使得城市中的公共空间不再仅仅是具有装饰性的标志，更成了一个传递信息的媒介，使市民在欣赏艺术的同时能够获得实际的出行帮助。这种结合不仅提升了城市艺术品的综合利用价值，也为市民的日常生活带来更多便利。在智慧城市的背景下，数字导航艺术品成为连接艺术与实用的桥梁，为城市功能提供了实际而智能的解决方案。

第六章

城市智慧景观管理与运营

第一节　智慧景观管理系统与流程

智慧景观管理系统是一个复杂而协同的体系，其组成和运作方式直接影响着景观管理的效率和效果。系统的核心组成包括如下几种。

一、数据采集与感知设备

（一）传感器网络

智慧景观管理系统的基础是一个庞大而精密的传感器网络。各种传感器，如环境传感器、人流传感器、气象传感器等，被布置在公共空间的关键位置。这些传感器负责实时感知环境中的各种数据，并确保数据的及时性和准确性。

1.环境传感器

环境传感器是智慧景观管理系统中的重要组成部分，其作用在于监测和收集公共空间的多项环境参数，包括空气质量、噪声水平、温度和湿度等。这些传感器通过精确而灵敏的测量，为系统提供了对公共空间整体环境状况的全面了解。

首先，空气质量监测是环境传感器的一项重要功能。通过监测空气中的各类污染物含量，系统可以实时获取空气质量的数据。这包括但不限于颗粒物、二氧化氮、一氧化碳等参数的测量。这些数据的收集有助于系统对空气质量进行评估，及时发现潜在的空气污染问题。在智慧景观管理中，这种实时监测为管理决策提供了科学依据，使系统能够采取有效措施来改善空气质量。

其次，噪声水平监测是另一项关键功能。传感器通过实时测量环境中的噪声水平，包括交通噪声、人声等，为系统提供了噪声污染的数据支持。这对于城市中的公共空间管理至关重要，特别是在繁忙的商业区或居民区。系统可以通过分析这些数据，预测噪声扰民的可能发生区域，采取相应的调控措施，提高公共空间的舒适性和宜居性。

最后，温度和湿度监测也是环境传感器的功能之一。这些参数的监测有助于系统全面了解公共空间的气候状况。通过实时获取温度与湿度数据，系统能够更好地应对气象变化，为公共空间提供适宜的环境条件。这对于城市中的户外活动、休闲区域的规划等方面具有重要的指导意义。

2. 人流传感器

人流传感器是智慧景观管理系统中的重要组成部分，其功能在于追踪和监测人们在公共空间的移动和分布情况。通过对人流的实时监测，系统可以获取关于不同区域繁忙程度的数据，为优化空间布局、改进城市规划提供重要的数据支持。

人流传感器通过部署在公共空间的关键位置，如人行道、广场、商业区域等，实时记录人们的行走轨迹和停留时间。这些传感器利用先进的技术，如红外感知、摄像头监测等，能够高效、准确地捕捉人流信息。通过这些数据，系统可以识别出公共空间中不同区域的流动性，了解人们在不同时间段的分布情况，甚至预测未来的趋势。

首先，人流传感器的应用为城市规划提供了重要的参考依据。通过对人流的实时监测，系统可以分析出公共空间中的高流量区域和低流量区域。这有助于城市规划者更好地了解城市的使用情况，合理划分不同区域的功能，以满足市民的需求。例如，在商业区域，系统可以识别繁忙的商店街段，从而提供更多便捷的交通通道或增设休闲区域，提升公共空间的可用性和舒适性。

其次，人流传感器的数据对于公共空间的优化布局具有重要意义。通过实时监测人们的行走路径和停留位置，系统可以识别出热点区域和冷门区域。这有助于城市管理者更好地规划道路、设置设施，并合理调整城市家具、座椅等设备的摆放位置，提升公共空间的整体利用率。

总的来说，人流传感器作为智慧景观管理系统的一部分，为城市规划和公共空间布局提供了实时而准确的人流数据。这一技术的应用不仅提高了城市管理的智能化水平，也为创造更宜居的城市环境提供了科学依据。

3. 气象传感器

气象传感器也是智慧景观管理系统的重要组成部分，其主要功能在于记录和监测气象数据，包括但不限于降雨量、风速、日照时间等。这些气象信息的实时获取有助于系统更好地了解自然环境的变化，为景观设计和管理决策提供基础数据，从而实现智慧景观的可持续发展。

首先，气象传感器通过实时监测降雨量，能够及时掌握公共空间的雨水排放情况。这对于城市防汛和排水系统的设计至关重要。当降雨量超过一定阈值时，系统会发出警报并触发相应的防汛措施，确保城市的正常运行和市民的安全。

其次，风速监测是景观设计中考虑的重要因素。气象传感器记录风速数据，有助于评估公共空间中的风力状况。这对于高楼大厦、桥梁等建筑物的设计和施工具有指导意义。系统可以根据风速数据提前预警可能的风险，并采取相应的防护措施，确保公共空间的安全性。

最后，日照时间的监测也是智慧景观管理系统中的重要功能。通过记录日照时间，系统可以识别出不同区域的阳光照射情况，为植被选择、景观设计提供依据。在城市规划中，充分利用阳光资源有助于提高城市的舒适性和宜居性。

（二）物联网技术

传感器采集到的数据通过物联网技术传输至下一级系统，这一环节在智慧景观管理中起着至关重要的作用。物联网技术的应用确保了数据的高效传递和实时性，为系统后续的数据处理和分析提供了可靠的基础。

物联网是一种通过互联网连接和交互的方式，使物体能够收集和交换数据的技术体系。在智慧景观管理中，物联网技术通过将各类传感器、监测设备等物体连接到互联网上，实现了数据的实时传输和共享。

首先，物联网技术保证了数据的高效传递。传感器获取的各类数据，如人流、气象、环境等信息，通过物联网的连接方式能够迅速、高效地传输至数据处理与分析平台。这种实时传递的特性保证了系统对于公共空间状态的及时感知，为后续的管理决策提供了准确的基础。

其次，物联网技术实现了数据的实时性。由于智慧景观管理需要对公共空间的状态进行实时监测，传感器采集的数据需要在最短的时间内传输至管理系统进行分析和处理。物联网的实时性保证了系统可以迅速响应变化，及时调整管理策略，以确保公共空间的良好运行状态。

在智慧景观管理系统中，物联网技术的应用不仅仅是简单的数据传输，更是实现了各类设备和传感器的互联互通。这种互联性使得系统更加智能化，各个组成部分能够协同工作，形成一个高效、协同的智慧景观管理体系。

综合而言，物联网技术在智慧景观管理中扮演了连接和传递数据的关键角色。其高效传递和实时性的特点确保了系统能够迅速获得最新的公共空间状态，为科学合理的管理决策提供了有力支持。

二、数据处理与分析平台

（一）大数据技术

在数据处理与分析平台层面，大数据技术发挥了关键作用。系统利用大数据技术处理海量的传感器数据，确保数据的可用性和可分析性。这包括数据清洗、存储以及对大规模数据的快速处理能力。

1. 数据清洗

数据清洗是智慧景观管理中数据处理流程中的关键一步，其目的在于通过去除噪声和错误数据，确保系统得到的信息准确可靠。这一阶段的数据清洗对于后续的深入分析起着至关重要的作用，它不仅影响着管理决策的科学性，也直接关系到智慧景观系统的整体效能。

首先，数据清洗阶段的核心目标是去除数据中的噪声和错误。传感器在监测公共空间时，可能会受到各种因素的干扰，导致采集到的数据包含噪声或错误值。通过数据清洗，可以识别并剔除这些异常值，确保后续的数据分析和建模能够基于高质量的数据进行。

其次，数据清洗有助于提高数据的一致性和准确性。在不同的时间和地点，由于环境变化或设备状态等原因，采集到的数据可能存在一定的差异。通过清洗可以标准化和规范化数据，使其具有更高的一致性，提高数据的可比性和可靠性。

再次，数据清洗还有助于填补缺失值。在实际应用中，由于设备故障或其他原因，某些数据可能出现缺失。通过合理的插值或填充方法，数据清洗可以部分地弥补这些缺失值，确保系统对于公共空间状态的监测尽可能完整和全面。

最后，清洗后的数据更有利于后续的深入分析。准确无误的数据是科学分析的基础，而清洗后的数据集提供了一个可靠的基础，使系统能够更好地理解公共空间的特征、趋势和规律，从而为管理决策提供科学合理的支持。

2. 数据存储

在智慧景观管理中，数据存储是一个至关重要的环节，尤其是在应对不断增长的数据量、多源数据的情况下。大数据平台的成功运作离不开高效的数据存储系统，其中包括分布式存储和数据库技术，以确保系统能够有效处理和存储来自各类传感器的海量数据。

首先，分布式存储是大数据平台中的一项关键技术。随着传感器技术和数据采集能力的提升，公共空间中涌现出大量的实时数据，涉及人流、环境、气象等多方面信息。这些数据的规模庞大，传统的存储系统可能难以满足高并发读写和

117

容量扩展的需求。分布式存储系统通过将数据分散存储在多个节点上，提高了系统的可扩展性和容错性，确保了对大规模数据的高效管理和检索。

其次，数据库技术在数据存储中扮演着重要的角色。智慧景观管理涉及多种数据类型，如时间序列数据、地理信息数据等，需要不同的数据库技术来支持。关系型数据库、NoSQL 数据库等不同类型的数据库可以根据数据的特点和应用场景进行选择，以实现数据的高效存储和检索。数据库技术的选择直接关系到系统对于数据的管理效率和灵活性。

再次，数据存储的设计也需要考虑数据的安全性和隐私保护。在智慧景观管理中，涉及大量的公共空间数据，包括市民的行为、位置等敏感信息。因此，合理的数据存储系统应当采取有效的加密和权限控制措施，确保数据的安全性，避免数据泄露和滥用。

最后，数据存储系统的优化直接关系到智慧景观管理的实时性和决策效果。通过高效的分布式存储和灵活的数据库技术，系统能够更好地处理来自各类传感器的多源数据，提高数据的利用率，为后续的数据分析和管理决策提供可靠的支持。

（二）人工智能技术

系统利用人工智能技术进行数据分析，从而深入挖掘数据背后的信息。数据挖掘算法应用于识别潜在问题、预测趋势，并为管理决策提供可靠的分析基础。

1. 数据挖掘算法

数据挖掘算法在智慧景观管理中扮演着关键的角色，如图 6-1 所示，通过对历史数据和实时数据的深度分析，识别出与景观管理相关的模式和规律，为系统提供了更深层次的理解和智能决策支持。

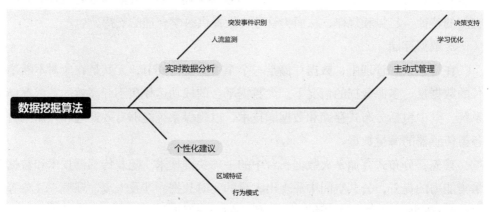

图 6-1　数据挖掘算法鱼骨图

首先，数据挖掘算法通过对历史数据的挖掘，能够识别出潜在的景观特征和变化趋势。公共空间的使用和环境状态都留下了丰富的历史数据，数据挖掘算法通过对这些数据的分析，可以发现不同时间段内的人流高峰、特定区域的热点活动等信息。这有助于系统更好地理解公共空间的特点，为未来的规划和设计提供有利的参考。

　　其次，对实时数据的挖掘使得系统能够及时响应和适应公共空间的动态变化。数据挖掘算法可以实时监测人流、气象、环境等多维度数据，识别出突发事件、异常情况等，为管理决策提供实时的情报。例如，通过分析实时人流数据，系统可以在发现拥堵或安全隐患时及时采取措施，保障公共空间正常运行。

　　再次，数据挖掘算法还能够为景观管理提供个性化建议和优化方案。通过深入挖掘不同区域的特征和市民的行为模式，系统可以为优化公共空间布局、改进景观设计等提供定制化的建议。这有助于系统更加精准地响应市民的需求，提升公共空间的质量和适用性。

　　最后，数据挖掘算法的应用使系统能够实现从被动式管理到主动式管理的转变。通过不断学习和优化，系统能够更好地适应公共空间的变化和市民的需求，为智慧景观管理提供更智能、更高效的决策支持。

　　2.智能分析模型

　　智能分析模型作为智慧景观管理系统的关键组成部分，如图6-2所示，通过学习和优化方式，能够根据不同情境提供更精准的数据解读，为管理决策提供更具智能性和灵活性的支持。

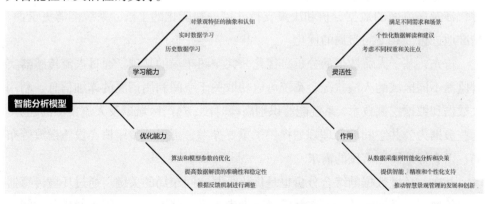

图6-2　智能分析模型鱼骨图

　　首先，智能分析模型的学习能力使得系统能够适应不同场景下的数据变化。通过对历史数据和实时数据的学习，模型能够识别和理解不同因素之间的关联关系，形成对景观特征的抽象和认知。这有助于模型更好地适应城市空间的动态变化，为管理决策提供更为准确和实用的数据分析结果。

其次，智能分析模型的优化能力使得系统在长期运行中逐渐提升性能。通过对算法和模型参数的不断优化，系统可以提高数据解读的准确性和稳定性。这种优化过程可以基于模型的反馈机制，根据实际效果对算法进行调整，从而更好地适应不同管理需求和公共空间特征。

再次，智能分析模型的灵活性使得系统能够根据特定情境提供个性化的数据解读和建议。模型可以考虑不同的权重和关注点，根据管理者的需求进行调整，为不同决策场景提供个性化的智能支持。这有助于系统更好地满足不同管理者和决策者的需求，提高系统的实际应用价值。

最后，智能分析模型的作用使得智慧景观管理系统从单纯的数据采集转变为具有智能化分析和决策能力的系统。通过学习、优化和灵活调整，模型为管理决策提供了更为智能、精准和个性化的支持，推动了智慧景观管理的发展和创新。

三、管理决策系统

（一）综合分析与决策制定

管理决策系统整合来自数据处理与分析平台的结果进行综合分析。基于对景观状态的全面评估，系统制定出科学合理的管理策略，包括：

1. 优化公共空间布局

优化公共空间布局是智慧景观管理系统的重要任务之一，其目的在于根据人流、环境等数据，调整公共空间的布局，以提高空间利用效率和用户体验。这一过程涉及多方面的数据分析和决策支持，借助智能化的手段，系统能够更全面、精准地进行公共空间布局的优化。

首先，基于人流数据的分析是优化公共空间布局的基础。通过人流传感器实时监测不同区域的人流状况，系统可以获取关于空间利用情况的详细信息。利用大数据和数据挖掘技术，系统能够识别高峰时段、热门区域以及人流集中的趋势。这些数据为公共空间的合理规划提供了重要参考，可以调整座椅、设施摆放等布局，以更好地满足市民的需求。

其次，环境数据的综合分析也是优化公共空间布局的关键。通过环境传感器获取的数据，系统能够了解空气质量、噪声水平、温度等环境因素对公共空间的影响。基于这些数据，系统可以进行科学合理的布局调整，比如，合理配置遮阳设施、绿化植被，以提升用户在公共空间中的舒适感。

再次，用户行为分析也是优化布局的重要考量。系统可以通过智能分析模型学习用户行为模式，包括停留时间、活动偏好等。这些数据有助于优化座椅、设施的摆放位置，创造更符合居民习惯和需求的公共空间环境。

最后，智慧景观管理系统在优化公共空间布局时能够实时调整和反馈。通过管理决策系统，系统能够根据实际情况提出即时建议，指导相关部门迅速进行调整。这种实时性的反馈机制保证了布局的灵活性和适应性，使得公共空间能够更好地适应城市生活的变化。

2.改善景观设计

智慧景观管理系统通过对多维度数据的深入分析，为改善景观设计提供了有效的支持。这一过程旨在根据数据分析结果，优化景观设计，以更符合居民和访客的需求，提升整体景观质量。以下是智慧数据驱动景观设计优化的关键方面。

（1）人流分析

利用人流传感器实时监测不同区域的人流状况，系统可以获取关于景观热点和高峰时段的数据。通过分析人流数据，景观设计可以更精准地考虑人流密集区域的设计元素，比如增加座椅、设置景点等，以满足居民和访客的需求。

（2）环境数据整合

景观设计的优化还需要考虑环境因素，如空气质量、温度和噪声水平。通过环境传感器获取的数据，系统能够深入了解自然环境的变化。这有助于设计师在景观规划中考虑合适的绿化、休息区和遮阳设施，以提升用户在公共空间中的舒适感。

（3）用户行为分析

智能分析模型学习用户行为模式，包括停留时间、活动偏好等。通过了解用户行为，景观设计可以更好地满足用户的个性化需求。例如，在热门活动区域增加临时设施，或者在特定时间调整景观元素，以适应用户的习惯和期望。

（4）实时调整和反馈

智慧景观管理系统通过管理决策系统能够实时调整和反馈。设计师可以根据实时数据的反馈进行即时的设计调整，以适应不同时段、天气和活动。这种实时性反馈机制使景观设计更具灵活性和适应性。

（5）创新设计元素的引入

数据分析还可以启发设计师引入创新设计元素，以提升景观的独特性和吸引力。通过了解居民和访客的反馈和偏好，设计师可以创造出更具创意和个性化的景观设计，使公共空间更具亮点和吸引力。

（二）策略执行与监控

管理决策系统不仅制定策略，还负责指导各个环节的执行。通过监控实时数据，系统确保管理策略的贯彻执行，并随时调整策略以适应不断变化的环境。

1.协调不同部门的合作

智慧景观管理系统通过协调不同部门的合作，确保管理决策的全面实施，涉及城市规划、环境保护、交通管理等多个方面。如图6-3所示，该系统是促进部门协同合作的关键机制。

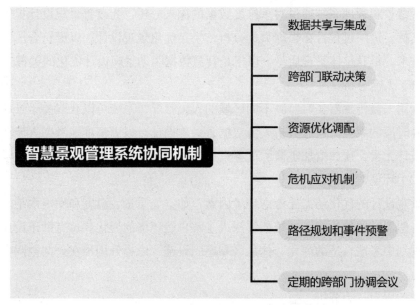

图6-3 智慧景观管理系统协同机制逻辑结构图

（1）数据共享与集成

智慧景观管理系统作为一个综合性平台，鼓励各相关部门共享数据。城市规划、环境保护、交通管理等部门的数据被整合到一个共享的大数据平台上，实现全面信息的集成。这有助于各部门全面了解城市公共空间的各个方面，并为决策提供更全面的依据。

（2）跨部门联动决策

系统设立了跨部门联动的决策机制。当系统分析出可能影响多个方面的问题时，会启动跨部门的联动决策流程。相关部门的代表参与决策，确保各方权益得到平衡，同时实现全局管理目标。

（3）资源优化调配

智慧景观管理系统通过数据分析，帮助各个部门更全面地了解资源的利用情况。例如，交通流量数据可以影响城市规划和交通管理的决策。系统可通过资源优化调配，确保各个部门在资源利用上的协同，实现更高效的城市管理。

（4）危机应对机制

智慧景观管理系统具备危机应对机制，当系统检测到紧急情况时，各相关部门将迅速启动应对流程。例如，在环境污染事件中，环境保护、城市规划等部门可以共同协作，制定紧急处理措施，并实时调整公共空间的使用。

（5）路径规划和事件预警

交通管理与城市规划之间的协同也在路径规划和事件预警中得到体现。基于实时的交通流量和城市规划数据，系统能够为交通管理提供优化的路径规划建议，并提前预警可能影响交通的事件，促使部门间更好地协同行动。

（6）定期的跨部门协调会议

为了保持部门之间的紧密协作，系统设立了定期的跨部门协调会议。会议提供了一个交流平台，各部门可以分享数据、经验和问题，共同讨论解决方案，促进各部门协同合作。

2.持续改进与反馈

管理决策系统通过持续监测和反馈机制，构建了一个灵活而高效的体系，以不断改进管理策略。这种机制的实施使得系统能够适应城市发展和环境变化，保持高效的景观管理水平。

（1）实时数据监测

系统通过数据采集与感知设备，实时监测公共空间的各项指标，包括人流、环境、气象等多方面数据。这种实时监测确保了系统对城市状况的敏感性，使得任何变化都能够被及时捕捉。

（2）数据分析与评估

收集到的数据通过数据处理与分析平台进行深度挖掘和评估。利用大数据和人工智能技术，系统能够识别出潜在问题、发现规律，并对景观特征进行全面分析。这为后续的改进提供了有力的数据支持。

（3）智能分析模型

系统中的智能分析模型通过学习和优化，能够根据不同情境提供更精准的数据解读。这使系统的分析结果更加智能化，有助于更全面地理解公共空间的特点和变化趋势。

（4）管理决策反馈

管理决策系统通过整合数据分析结果，制定科学合理的管理策略。在执行阶段，系统会持续监测管理策略的执行效果，并收集实际数据。这些实际数据将反馈至管理决策系统，为系统提供执行结果和效果评估。

（5）用户反馈与参与

除了系统内部的监测和反馈，系统还鼓励用户和相关利益方提供反馈。通过数字互动技术，公众可以参与到公共空间管理中，分享他们的观点和建议。这种开放性的反馈机制使系统更贴近市民需求，提高了决策的合理性和社会参与度。

（6）持续改进流程

系统建立了持续改进的流程，将数据监测、分析、决策和反馈紧密相连。通过不断地调整管理策略，系统可以及时应对新的挑战和变化，保持在城市发展中的领先地位。

通过这一持续改进与反馈机制，智慧景观管理系统实现了对城市景观的动态管理。系统的高效性和灵活性为城市提供了可持续发展的管理手段，为公共空间的优化和提升做出了积极的贡献。

第二节　公共空间管理与维护

一、公共空间维护的必要性和方法

公共空间的维护对于智慧景观的可持续发展至关重要。这一环节不仅关系到市民的生活质量，还直接影响着城市形象和可用性。

（一）必要性的体现

公共空间维护的必要性是多方面的，首先体现在市民的安全和生活品质的保障上。定期的维护工作防范了安全隐患的发生，从而提升市民在公共空间中的生活品质和安全感。

1.市民安全的保障

为了确保市民在公共空间中的安全，定期维护设施设备是一项重要的任务。这一过程包括对街灯、人行道、交通标识等基础设施的维护，旨在防范安全隐患，提供一个安全可靠的公共空间。

在公共空间管理中，市民安全是一个至关重要的考虑因素。定期维护设施设备是确保公共空间安全的重要举措。其中包括但不限于街灯、人行道、交通标识等基础设施的定期检查和保养。对这些设施进行维护，可以有效减少潜在的安全隐患，为市民提供更加安全的生活环境。

（1）维护设施设备的必要性

首先，维护设施设备的必要性在于保障市民的生命安全。例如，定期检查和维修街灯可以确保夜间道路的照明充足，降低夜间交通事故的发生率。人行道的平整和交通标识的清晰都能够提高行人和驾驶员的注意力，减少意外碰撞的风险。

其次，维护设施设备有助于提升公共空间的整体可用性。正常运行的设施设备意味着市民可以更便利、更安心地使用公共空间。例如，维护良好的人行道和交通标识有助于行人和驾驶员更容易理解和遵守规则，减少因混乱或损坏而引起的意外。

（2）安全隐患的防范

通过定期的设施设备维护，可以有效防范安全隐患。定期巡检和维护可以及时发现和修复街灯故障、人行道损坏、交通标识模糊等问题。这些维护措施不仅提高了设备的可靠性，还减少了因设备故障而引发的事故风险。

（3）公共空间安全的综合影响

公共空间的安全性直接关系到市民的生活质量和城市形象。一个安全的公共空间能够吸引市民和游客，促进社区的互动和活力。通过维护设施设备，不仅可以预防事故和意外事件，还能够提升公共空间的整体品质，为市民提供更好的居住和活动环境。

在智慧景观管理系统的框架下，可以借助数字技术提升设施设备的监测和维护效率。例如，利用传感器技术实现对设备状态的实时监测，通过数据分析预测潜在故障，提高维护的精准性和及时性。这种数字化手段进一步强化了公共空间安全的保障机制，为城市居民提供更安全、更便利的生活环境。

2.生活品质的提升

公共空间的维护工作不仅仅局限于设施设备的检修，还包括环境卫生的清理以及绿化植被的修剪等工作。这些维护举措不仅有助于美化城市，提升整体形象，更重要的是创造了宜人的生活环境，显著提高市民在公共空间中的生活品质。

以下对这些方面进行深入分析：

（1）环境卫生的清理

首先，环境卫生的清理是维护公共空间的基础。定期进行清理工作，可以有效清除垃圾、杂物和污渍，保持公共空间的整洁和卫生。这不仅有助于提高空间的美观度，还能有效防止垃圾产生的异味和环境污染，创造一个清新宜人的居住环境。

其次，清理工作能够预防安全隐患。消除积水、清理杂物等举措有助于防止滑倒、摔倒等意外事件的发生，为市民提供更为安全的公共空间。这种预防性的维护措施直接关系到市民的生活质量和健康安全。

（2）绿化植被的修剪

绿化不仅仅是美化城市的手段，更是为市民创造一个与自然亲近的空间。通过定期修剪，可以保持植被的整齐和健康生长，提高植被的观赏性和维持植物生长的动态平衡。

修剪绿化植被还有助于改善空气质量。植物通过光合作用释放氧气，吸收二氧化碳，有助于净化空气。因此，绿化植被的合理修剪既美化了城市，又为市民提供了清新的空气环境，直接影响到居民的身心健康。

（3）提升市民生活品质

这些维护工作的综合效果直接体现在市民的生活品质提升上。一个整洁、安全、绿意盎然的公共空间，不仅提高了市民对城市的归属感和满意度，还创造了宜居的社区环境。市民在这样的环境中行走、休憩，能够感受到舒适宜人的氛围，有助于缓解压力，促进身心健康。

（二）维护方法的多样性

维护方法的多样性是智慧景观管理的关键特征之一。通过智能设备的运用，可以实现对公共设施的远程监测和实时反馈，从而提高维护工作的效率和精准度。

1.远程监测技术

随着科技的不断发展，远程监测技术在智慧景观管理中的应用逐渐成为一项重要的手段。采用传感器和监控摄像头等智能设备，可以实现对公共设施的远程监测，为公共空间的高效维护提供了有力支持。

（1）传感器的应用

远程监测技术的核心之一是传感器的广泛应用。在公共空间中，各类传感器如垃圾桶容量传感器、温湿度传感器等被布置在关键位置，实时监测各类环境参数。以监测垃圾桶容量为例，通过传感器实时获取垃圾桶的填充情况，管理系统可以根据数据提前安排清理计划，避免垃圾满溢引发环境问题。这种精准的监测和实时数据的反馈，大大提高了维护工作的效率。

（2）监控摄像头的运用

监控摄像头的运用也是远程监测技术的重要组成部分。摄像头可以覆盖公共空间的各个角落，实时记录人流、车流等信息。通过监控摄像头，管理人员可以在不同位置实时了解公共设施和环境的运行状况。例如，监控交通路口的摄像头可以及时发现交通拥堵情况，采取相应的交通管理措施。这种全方位的监测手段为及时响应和解决问题提供了可靠的数据支持。

（3）远程监测技术的数据传输

远程监测技术的另一亮点是其高效的数据传输方式。通过物联网技术，传感器采集到的实时数据可以迅速传输至管理中心。这种实时性和高效性确保了管理人员能够及时获取最新的信息，从而迅速作出决策和安排维护工作。数据的高效传输是远程监测技术能够成功应用于景观管理的重要保障。

2. 智能垃圾桶和设备感应

随着智慧景观管理的不断发展，引入智能垃圾桶等设备并结合感应技术成为提升公共空间维护效率的一项创新性举措。这一智能化手段通过自动感应实现垃圾桶的及时清理，不仅提高了工作效率，还在一定程度上减少了人为的管理成本。

（1）感应技术的应用

智能垃圾桶的核心在于其采用了先进的感应技术。通过在垃圾桶内部安装感应器，当垃圾桶内的垃圾达到一定容量时，感应器会发出信号。这一信号可以通过物联网技术传输至管理中心，或者直接触发垃圾桶内置的自动清理机制。感应技术确保了垃圾桶的清理基于实际需求，而非定期清理，从而智能地满足公共空间的维护需求。

（2）工作效率的提升

智能垃圾桶和设备感应的结合显著提高了维护工作的效率。传统的定期清理方式往往在垃圾桶未满的情况下进行，造成了资源浪费。而通过感应技术，垃圾桶只有达到一定容量时才会触发清理机制，避免了不必要的维护工作。这种智能的工作方式不仅减轻了管理人员的工作负担，还节省了时间和人力资源。

（3）减少人为的管理成本

引入智能垃圾桶和设备感应不仅提高了工作效率，还在一定程度上减少了人为的管理成本。传感器的自动监测和感应技术的智能触发，使管理人员可以更有针对性地进行维护工作，避免了不必要的巡检和清理。这样的自动化管理方式大幅减少了人工投入，降低了管理成本，使公共空间的维护更具经济效益。

（4）用户体验的提升

智能垃圾桶和设备感应的应用不仅在管理层面带来了诸多优势，也为市民提供了更好的用户体验。及时而智能的清理服务确保了公共空间的整洁和卫生，为市民提供更加宜居的环境。用户体验的提升不仅使得城市形象更为美好，也增强了市民对智慧景观管理系统的认可和支持。

3. 维护数据分析

利用大数据和人工智能技术进行公共设施维护数据分析是智慧景观管理系统中关键的一环。该过程旨在通过深度挖掘数据背后的信息，实现对公共空间的精准维护，从而提高设施的可持续性和效益。在数据分析阶段，大数据技术发挥关键作用，确保系统能够处理并分析庞大的设施维护数据。

首先，数据清洗是数据分析的关键步骤。通过去除噪声和错误数据，确保所使用的数据质量高，能够反映实际的设施状态。清洗后的数据具备更高的可靠性，为后续的深度分析奠定基础。

其次，大数据平台利用高效的存储系统，对清洗后的数据进行存储。采用分布式存储和数据库技术，以应对维护数据的不断增长。这种存储方式不仅能够保障数据的安全性和完整性，还能提高数据的检索速度，使系统更具应对大规模数据的能力。

在数据挖掘阶段，利用人工智能技术的数据挖掘算法成为关键工具。这些算法能够深入分析设施维护数据，识别出隐藏在数据中的模式和规律。通过对历史维护数据的学习，系统能够预测未来维护需求，为制订科学合理的维护计划提供可靠的数据支持。

智能分析模型的应用使得数据分析更具精准性。这些模型通过学习和不断优化，能够根据不同情境提供更为精准的数据解读。这为维护计划的制订提供了更灵活的决策依据，使系统能够更好地适应不同的维护场景。

管理决策系统在此过程中扮演了关键角色。基于数据分析平台提供的信息，系统能够制订更科学合理的维护计划。这包括对设施的优化维护时机、合理配置资源、制定紧急维修措施等。管理决策系统通过协调不同部门的合作，确保维护计划的全面实施，从而提高公共空间的整体品质。

通过持续的数据监测和反馈机制，系统能够不断改进维护策略。这使系统能够适应城市发展和设施状态的变化，保持高效的维护水平，实现对公共空间的可持续维护。

4. 用户参与与反馈

智慧景观管理系统在强调科技创新的同时，也积极倡导用户参与和反馈的开放性机制。通过智能手机应用程序，市民得以成为公共空间管理的积极参与者，为系统提供实时的设施问题报告和反馈信息。这种开放性的反馈机制不仅使得市民在城市管理中拥有更直接的参与感，同时也为管理人员提供了宝贵的数据资源，加强了公共维护的协同性。

用户参与的方式包括通过智能手机应用程序报告设施的损坏或问题。用户只需通过简单操作，即可上传相关照片和文字描述，将问题反馈至系统。这种直观、便捷的参与方式使得用户成为城市管理的重要组成部分，极大地拓展了管理人员对公共空间状态的感知渠道。[15]

管理人员在接收到用户的反馈后，能够及时响应和处理问题。通过智慧景观管理系统，反馈信息被整合到数据处理与分析平台，与其他传感器数据一同进行综合分析。这种集成分析的方式使得用户反馈不再是孤立的信息，而是融入了整个管理体系，为问题的全面理解提供了更多维度的支持。

用户参与和反馈机制强调了公共空间管理的社区化和民主化。市民通过参与系统反馈，直接参与到城市管理的过程中，不仅提高了管理的响应速度，也增进了市民对城市管理决策的理解和认同感。这种社区参与不仅是信息的单向传递，更是一种城市治理的共建过程，使管理更加贴近市民的实际需求和期望。

开放性的反馈机制为城市管理提供了持续改进的契机。通过分析用户反馈的内容和频率，管理人员能够识别出设施维护的重点和热点区域。这为管理决策系统提供了重要的参考信息，有助于更科学地调整和优化维护计划，以适应不同区域和用户群体的需求变化。

二、管理中的挑战和解决方案

在公共空间管理中，面临一系列挑战，其中主要包括设备故障、突发事件处理等。解决这些挑战的方案应当全面而灵活。

（一）建立健全的维护预警机制

在公共空间管理中，管理者面临着多种挑战，其中之一是设备故障可能导致的问题。为了解决这一挑战，建立健全的维护预警机制至关重要。以下是具体解决方案。

1.数据分析和智能感知设备的应用

在智慧景观管理系统中，数据分析功能的应用对设备运行数据进行实时监测和深度分析，为公共空间的设备维护提供了重要的技术支持。通过对设备性能指标和异常数据的监测，系统能够及时识别潜在的故障迹象，实现对设备运行状态的全面评估和预测。

数据分析在这一过程中起到了关键作用。系统通过大数据技术处理设备运行数据，包括传感器、监控摄像头等智能感知设备收集到的实时信息。这些数据经过清洗和存储后，被送入数据分析平台进行深度挖掘。数据分析算法能够识别设备性能的趋势、规律以及异常情况，对设备运行状况进行全面、准确地评估。

同时，智能感知设备在系统中的应用也至关重要。传感器和监控摄像头等设备实时收集设备运行状态的数据，涵盖了诸如温度、湿度、振动等多维度信息。这些智能感知设备通过物联网技术将采集到的数据传输至数据处理与分析平台，为系统提供设备运行的实时反馈。

监控摄像头的应用不仅仅限于图像的采集，还可以通过图像识别技术实现对设备的状态监测。例如，通过图像识别监测设备的外观状况，捕捉设备是否存在损坏或异物堵塞等问题。这样的智能感知设备不仅提供了多样化的数据来源，也为系统提供了直观和全面的设备运行信息。

综合数据分析和智能感知设备的应用，系统能够实现对设备运行状态的全面感知。通过监测设备性能指标，数据分析能够及时发现性能下降或异常情况，为预测潜在问题提供了依据。智能感知设备通过实时数据的收集，为系统提供了直观、多维度的设备运行信息。这种结合使得系统在设备维护方面更加高效、智能，为公共空间的设备管理提供了科学可行的手段。

2.预防性维护措施的制定

基于智慧景观管理系统的数据分析结果，预防性维护计划的制订成为提高设备可靠性和稳定性的关键一环。通过深度挖掘设备运行数据，系统能够识别潜在的故障迹象，为设备维护提供科学准确的依据。在这一背景下，预防性维护措施的制定成为一项重要而有效的管理策略。

预防性维护计划的制订是基于对设备性能数据的全面分析。通过数据分析平台，系统可以获取设备运行的各项性能指标，包括温度、振动、电流等多个方面的数据。这些指标的趋势和变化能够揭示出设备可能存在的问题，例如，零部件的磨损或老化、润滑程度等问题。通过对这些数据进行深入分析，系统能够制订相应的预防性维护计划。

预防性维护计划的核心在于在设备出现故障之前及时采取维护措施。其中包括定期检查、清理、润滑和更换关键零部件等措施。定期检查可以发现潜在的问题；清理可以防止设备因为积尘、腐蚀等问题而失效；润滑则有助于减少摩擦和磨损；更换关键零部件能够避免因老化而导致的设备故障。这一系列的维护措施是基于数据分析结果的具体应用，通过实时监测设备状态，系统能够及时调整和制定这些措施，确保设备长期稳定运行。

实施预防性维护措施能最大限度地减少设备停机时间。在设备出现故障前进行维护，可以避免突发性故障对公共空间设施造成的影响。这种及时的维护不仅降低了维修成本，也提高了设备的可靠性和稳定性，保障了公共空间设施的正常运行。

（二）建立紧急应对机制

除了设备故障，突发事件处理也是公共空间管理中的重要挑战。建立紧急应对机制是解决这一挑战的有效途径。以下是相关解决方案。

1.智慧决策系统的运用

智慧景观管理系统中的智慧决策系统可以迅速响应突发事件。通过实时监测和分析数据，系统能够识别异常情况，并自动触发应急响应流程。这包括调度相关部门人员、资源和设备，以最短的时间处理问题，确保公共空间的正常运行。

2.协调各部门资源

在突发事件处理中，协调各部门的资源是关键。智慧景观管理系统通过信息共享和协同工作平台，可以实现各部门之间的快速沟通和资源调度。这种协调机制有助于提高应对突发事件的整体效率。

3.紧急事件演练和培训

定期组织紧急事件演练和培训，提高管理人员和相关部门人员的紧急响应能力。通过模拟各种突发事件场景，使各级人员熟悉应急流程，确保在实际事件发生时能够迅速有序地应对。

第三节　智慧景观可持续性管理策略

一、制定可持续性管理策略的原则

在制定可持续性管理策略时，需遵循一系列原则，以确保管理方案的整体性、灵活性和参与性。

（一）整体性

整体性是可持续性管理策略的核心原则，其关注点在于考虑公共空间的各个方面，以确保管理方案能够全面、综合地促进环境、社会和经济层面的可持续性发展。这一原则反映了对公共空间管理的全面性思考，旨在通过系统性的管理方案实现公共空间的综合可持续性。

在考虑整体性时，首要方面是环境。可持续性管理策略需要注重保护和改善公共空间的自然环境。景观设计的整合、绿化计划的执行以及交通规划的优化都应该以对生态系统的负面影响最小化为目标，同时促进生态系统的恢复和提升。通过系统性的环境管理，可使公共空间在经济发展的同时保持生态平衡，为城市创造更健康、更宜居的环境。

社会层面也是整体性管理考虑的重要方面。管理策略应该促进社会的包容性、公正性和多元性。这包括市民参与的机会、社会公平的推动，以及满足不同社区和人群需求的策略。整体性管理要求考虑到公共空间对社会的影响，确保管理方案有助于促进社区凝聚力、文化多样性和社会平等。通过关注社会层面，管理策略能够更好地满足不同社会群体的期望和需求，实现公共空间管理的全面可持续性。

经济层面也不可忽视，可持续性管理策略需要兼顾经济效益。通过综合考虑公共空间的经济层面，管理方案应当促进城市的经济增长、就业机会的创造，并确保公共资源的有效利用。整体性管理要求在经济可持续性的同时，与环境和社会层面协调，实现经济、社会和环境的良性循环。

整体性管理方案需要综合考虑多个因素，包括但不限于景观设计、绿化、交通等。这些因素相互关联，相互影响，需要在整体性的视角下协同工作。例如，在进行景观设计时，需要考虑其对绿化和交通系统的影响，以确保整体管理方案的协调性和一致性。通过形成系统性的管理方案，整体性管理能够更好地应对公共空间面临的复杂挑战，实现综合可持续性发展的目标。

（二）灵活性

灵活性是可持续性管理策略的关键特征之一，强调管理方案的适应性和调整性，以应对不同时期和条件下的需求变化。在景观管理领域，城市面临着动态的人口增长、气候变化等多方面的挑战，因此，管理策略的灵活性成为确保公共空间持续适应城市发展的关键。

首先，灵活性要求管理策略能够适应人口增长带来的挑战。随着城市不断发展，人口规模可能会发生变化，对公共空间的需求也会随之变化。管理策略应当具备相应的机制，能够根据人口的变化情况进行调整和优化。例如，对于人口增长较快的区域，管理策略可以着重考虑公共服务设施的增设和交通系统的优化，以更好地满足不断增长的人口的需求。

其次，气候变化也是需要考虑的重要因素。随着全球气候的变化，城市可能面临极端天气事件、温度波动等问题。灵活性要求管理策略能够在面对气候变化时及时做出调整。例如，在城市绿化规划中，可以引入适应性强的植物，采用可持续性的水资源管理方案，以适应气候变化对植被和水资源的影响，从而维护公共空间的生态平衡。

最后，社会和经济因素的变化也需要管理策略的灵活应对。城市的经济发展、产业结构调整等变化都会影响到公共空间的需求。灵活性要求管理策略具备对社会和经济变化的敏感性，能够迅速做出相应的调整。例如，在面对城市经济的快速发展时，管理策略可以重点关注商业区域的规划和发展，以适应经济结构的变化。

（三）参与性

参与性是可持续性管理策略的关键原则，强调在管理决策的过程中广泛吸纳市民的意见和建议，形成共建共享的管理理念。这一原则的核心在于将市民视为公共空间管理的参与者和利益相关者，实现管理策略更广泛、更民主地决策和实施。

首先，广泛吸纳市民的意见和建议。可持续性管理策略的制定需要考虑到不同层面的需求和期望，而市民是直接感受和利用公共空间的主体。因此，通过定期组织市民参与活动、座谈会、问卷调查等，收集市民的意见和建议，有助于更全面地了解公共空间的实际需求。这样的参与性决策机制能够确保管理方案更符合市民的期望，增加管理的合法性和可行性。

其次，参与性有助于形成共建共享的管理理念。通过市民的参与，管理不再是一种单向的决策和执行过程，而是一种共同构建和分享的过程。市民的参与能够促使管理方案更贴近实际需求。共建共享的理念能够培养市民对公共空间的责任感和参与感，充分利用市民的知识和经验推动管理策略更好实施。市民通过参与，不仅是管理方案的接受者，更是共同推动者和建设者。

最后，市民的参与也能够增强其对公共空间管理的归属感。当市民感受到自己的意见被充分听取和采纳时，他们更容易产生对公共空间的认同感和责任感。这种主动参与的过程使市民更加关心和关注公共空间的管理和维护，形成更积极的社区文化。这种归属感的提升有助于改善社区的凝聚力，为可持续性管理策略的成功实施提供了社会基础。

二、策略在实际管理中的应用

制定的可持续性管理策略需要在实际管理中得以应用，以确保其在实践中的有效性和可操作性。

（一）数据分析与策略调整

在实际管理中，数据分析是可持续性管理策略的基础和关键环节。管理人员通过深入分析各项数据，包括但不限于公共空间利用情况、市民反馈等，能够及时调整和优化管理策略，提高管理的科学性和精准性。

1.公共空间利用方面的数据分析

首先，通过人流数据的深入分析，管理人员可以了解不同区域的流动情况，从而调整公共空间布局，提高空间利用效率。例如，在高流量区域，可以考虑增设交通设施、设置临时活动区域，以更好地容纳人流。而在低流量区域，可以考虑优化道路规划，引入绿化或文化设施，以提升该区域的吸引力。这样的数据分析不仅有助于优化公共空间的整体布局，还能够提高市民对空间利用的满意度。

其次，通过深入挖掘市民行为数据，如停留时间、活动偏好等，管理人员可以更好地了解市民在公共空间中的需求。例如，通过分析停留时间较长的区域，可以推断出市民对该区域的喜好，进而优化该区域的景观和设施。这种个性化的数据分析有助于制定更具针对性的管理策略，提高公共空间的个性化服务水平。

2.环境方面的数据分析

在环境方面，通过对环境监测数据的分析，可以评估绿化效果和环境质量，从而优化绿化方案，提高公共空间的生态可持续性。

首先，通过分析植被覆盖率、空气质量等数据，管理人员可以评估绿化效果。在高覆盖率区域，可以肯定绿化方案的成功，同时考虑进一步的生态保护措施。而在低覆盖率区域，可能需要调整植物种类，引入更适应当地气候和土壤条件的植物，以提高绿化效果。这种数据分析为绿化管理提供了科学依据，使管理策略更加符合实际情况。

其次，通过监测环境质量数据，如空气质量、噪声水平等，管理人员可以更好地了解公共空间的生态环境。例如，在发现某一区域的空气质量下降，管理人员可以采取相应的措施，如增加空气净化设施、限制机动车通行等，以改善该区域的生态环境。这样的数据分析不仅有助于提高公共空间的环境质量，也为管理人员制定相应的生态保护策略提供了科学依据。

（二）市民参与与沟通机制的建立

市民参与是可持续性管理策略在实际管理中的关键环节，而建立有效的沟通机制则是确保管理策略更贴近市民需求的关键一步。通过不同形式的市民参与活动和建立反馈渠道，管理人员可以更全面地了解市民的意见和需求，从而提高管理的合法性和可行性。

1.市民参与活动的举办

首先，通过组织市民参与活动，管理人员能够直接与市民进行互动，促使市民在管理决策过程中发表自己的观点和建议。其中，市民座谈会是一种常见的形式。在这样的活动中，管理人员可以听取市民对公共空间的期望和反馈，了解他们的需求和关切。市民在这个过程中能够表达对公共空间的态度、对管理策略的期待以及对可能改进的建议，从而实现了市民参与决策的目的。这种直接的参与形式不仅促进了市民与管理者之间的交流，也增加了管理决策的合法性，因为市民的意见被纳入决策过程，提高了决策的公正性。

其次，公共空间规划和设计竞赛也是一种有效的市民参与形式。通过向公众发起征集创意和设计方案的活动，管理人员能够收集到来自不同层面的创新想法。市民的参与可以激发出各种关于公共空间未来发展的新思路，从而促使管理策略更符合市民的期望。这种开放性的竞赛机制不仅有助于发挥市民的智慧，还能够建立起管理人员与市民之间的互信关系。

2. 建立反馈渠道

通过设置在线平台、投诉热线等方式，市民可以方便地向管理人员提供反馈。这种机制使市民可以随时随地分享他们在公共空间中的观察和感受，从而形成更为及时的信息反馈。管理人员可以通过分析这些反馈，了解市民的实际需求，发现潜在问题，并及时进行调整和改进。这种实时反馈机制不仅提高了管理策略的敏感性，也为市民提供了直接、方便的参与途径，加强了管理人员与市民之间的互动。

第七章

城市智慧景观评价与监测

第一节　智慧景观评价指标与方法

智慧城市景观评价是确保城市发展符合可持续性和智能化标准的重要参考。在设定评价指标时，需要全面考虑环境、社会、经济等各个层面的因素。这不仅有助于科学地评估城市景观的影响，还为城市规划提供科学依据。

一、环境方面的评价指标

在环境方面，评价指标应该全面覆盖多个因素，以确保城市景观对自然环境的影响得到科学评估。

（一）空气质量评价指标

1.大气污染物监测

（1）颗粒物浓度

在评估城市空气质量时，对颗粒物的监测是重要参考指标。颗粒物直接影响空气可吸入部分，通过实时监测颗粒物浓度，能够量化城市景观对大气的污染程度。

（2）氮氧化物

监测氮氧化物浓度是评估空气质量的关键指标。这包括氮氧化物和二氧化氮，通过定量分析这些数据，可以深入了解城市景观对气体污染的影响。

（3）二氧化硫

二氧化硫的监测对于评价城市空气质量同样重要。二氧化硫的排放直接关系到空气的酸碱度，通过定量分析二氧化硫浓度，可以量化城市景观对空气酸碱性的影响。

2.数据分析方法

（1）时间序列分析

通过对大气污染物浓度的时间序列分析，可以识别污染物浓度的趋势和周期性变化，对城市景观对空气质量的影响有更深入的认识。

（2）空间分布分析

考虑城市不同区域的大气污染物浓度分布，可以确定景观特征对空气质量的空间影响，为城市规划和设计提供科学依据。

（二）水质状况评价指标

1.水体监测

（1）河流水质

监测城市河流的水质状况是评价水环境的重要方面。通过对水中溶解氧、水温、pH 值等参数的监测，可以全面了解城市景观对河流水质的影响。

（2）湖泊水质

湖泊作为城市景观的一部分，其水质状况直接关系到生态系统的健康。监测湖泊水体中的营养盐、有机物等参数，有助于评估景观对湖泊水质的影响。

2.生态系统健康评估

（1）生物指标

考虑水域中的生物多样性和生态系统结构，通过监测藻类、浮游动物等，可以评估城市景观对水域生态系统的健康状况的影响。

（2）水域生态功能

评估水域的生态功能，包括水域自净能力、水质净化能力等，可以科学评估城市景观对水域的影响程度。

（三）噪声水平评价指标

1.噪声来源分析

（1）交通噪声

分析交通噪声的来源，包括道路交通、铁路交通等，以识别城市景观对交通噪声的贡献。

（2）建筑活动噪声

考虑建筑活动产生的噪声，包括建筑施工和维护过程中的噪声源，量化城市景观对建筑活动噪声的影响。

2.噪声强度分析

（1）频率分析

分析噪声的频率特征，包括高频和低频噪声，以更全面地评估城市景观对不同频率噪声产生的影响。

（2）噪声强度水平

通过测量噪声的强度水平，可以定量评估城市景观对周围环境和居民的噪声影响。

二、社会层面的评价指标

在社会层面，评价指标涵盖了城市景观对社会和居民生活的积极影响。

（一）市民满意度评价指标

1.定性评价方法

（1）调查设计

设计有效的市民满意度调查问卷，涵盖景观感知、绿化程度、文化氛围等方面，以了解居民对城市景观的主观感受。

（2）重要性评估

通过调查居民对不同景观元素的重要性评估，分析哪些方面对市民满意度影响较大，为城市规划提供关键信息。

2.定量评价方法

（1）数据分析

对定量调查数据进行统计和分析，把握市民满意度的整体趋势和变化，为城市景观的改进提供量化支持。

（2）满意度指数计算

建立市民满意度指数，综合考虑各项评价因素，以更全面、客观地衡量城市景观的社会效益。

（二）社区融合度评价指标

1.社区互动分析

社区互动分析是城市景观评价中关注社会层面影响的重要方面。

首先，通过调查和分析社区内居民参与各类社区活动的程度，可以评估城市景观对社区互动的促进作用。活动参与度反映了居民对社区活动的积极参与程度，而城市景观的设计和规划直接影响社区内活动的丰富程度和吸引力。通过深入了解居民参与社区活动的情况，可以揭示城市景观在社区互动方面的实际效果，为提升社区融合度提供具体的社会参与数据。

其次，考虑社区内的组织结构和社交网络，分析城市景观对社区组织和居民之间联系的影响，有助于评估社区融合度。社区组织网络包括居民之间的社交关系、组织活动的网络等，而城市景观作为社区的一部分，其布局和设计对这些网络的形成和发展有着潜在的影响。通过调查和分析社区内组织的活跃程度和社交网络的密度，可以深入了解城市景观对社区居民之间联系的具体影响。这样的分析有助于评估社区融合度,即社区内居民之间的紧密程度和相互依存关系的程度。

社区互动分析的深入研究为城市规划者提供了更为全面的社会层面数据,有助于了解城市景观对社区互动和融合的实际影响机制。这不仅有助于学术研究城市景观的社会效应,也为城市规划和设计提供了实际指导,促进城市的可持续发展。通过关注社区内的活动参与度和组织网络,可以更好地了解居民的社会需求,创造更具社区凝聚力的城市环境。

2.社交活动影响分析

社交活动影响分析在城市景观评价中具有重要的学术价值和实践价值。

首先,研究公共空间的利用情况是了解城市景观对居民社交活动的关键方面。这包括对公园、广场等公共空间的观察和分析,以了解这些地方在社交活动中的实际利用情况。城市景观的设计和布局直接影响公共空间的吸引力和功能,因此,深入研究这些空间的利用情况有助于评估城市景观对社交活动场所的影响。

其次,通过调查社区居民的社交满意度,可以深入了解城市景观对社交关系的积极影响,从而评估社区融合度。社交满意度是居民对其社交生活的满意程度的衡量,而城市景观作为社交活动的背景和平台,对居民社交满意度有着直接的影响。通过定性和定量的研究方法,可以收集居民对城市景观对社交关系影响的主观感受和具体体验。这样的调查不仅有助于理解城市景观在社交层面的实际效果,还为社区融合度的评估提供了客观的数据支持。

社交活动影响分析不仅关注城市景观对公共空间的影响,更注重其对社交关系和社区融合度的影响。深入研究公共空间的利用和居民社交满意度的调查为城市规划者提供了更全面的社会层面数据,为创造更具社会凝聚力的城市环境提供了实际指导。这种综合分析方法不仅有助于学术研究城市景观的社交效应,也为城市规划和设计提供了实践指导,促进城市的可持续发展。

(三)多维度综合评价

1.定性与定量结合

在城市景观评价中,定性与定量的结合是一种有利的方法,能够更全面地理解城市景观对社会层面的影响。

首先,通过建立综合评估模型,可以有效整合市民满意度和社区融合度的定性和定量数据。这一模型不仅考虑了市民对城市景观的主观感受(定性数据),还将定量数据如满意度指数、社区参与度等纳入考虑。通过综合评估模型,可以更全面地了解城市景观在社会心理层面的影响机制,为城市规划提供更具体的指导。

其次，采用因素关联分析的方法，可以揭示市民满意度和社区融合度之间的关联性。这种关联性分析可以通过统计方法识别出不同因素之间的相关性，例如，市民满意度是否与社区融合度呈正相关或负相关。通过深入了解这些关联关系，可以为城市规划者提供更深刻的社会层面建议。例如，如果发现市民满意度与社区融合度呈正相关，那么加强社区融合性的规划可能会进一步提高市民对城市景观的满意度。

综合评估模型和因素关联分析的结合，为城市景观评价提供了更为全面和深入的研究方法。这种方法不仅考虑了主观感受和定量数据的综合，还通过关联性分析揭示了不同因素之间的内在联系。这样的深度分析有助于城市规划者更加科学地理解城市景观对社会层面的影响，并提供有针对性的规划建议。

定性与定量结合的研究方法不仅在学术上有着重要的创新意义，也为实际城市规划和设计提供了有力的决策支持。通过这种方法，可以更好地满足市民的需求，提升城市市民的生活质量，推动城市的可持续发展。

2.社会心理学应用

在城市规划和设计中，社会心理学的应用对于深刻理解城市景观对社会层面的影响至关重要。通过对心理学因素的分析，包括认知、情感和态度等，可以深入了解城市景观如何影响居民的心理状态。认知层面涉及居民对城市景观的知觉和理解，情感层面涉及居民对景观的情感体验，而态度层面则关注居民对城市景观的态度和偏好。

其中，认知因素的分析可以揭示城市景观的信息处理和感知机制，了解不同景观元素对居民认知的影响。情感因素的研究有助于评估城市景观对居民情感体验的积极或消极影响，为提高市民满意度提供理论支持。态度因素的考量可以深入了解居民对城市景观的整体态度和期望，为制定更符合市民期望的城市规划提供心理学依据。

另外，社区认同感作为心理学因素的重要组成部分，是城市景观对社会层面产生的关键影响之一。通过研究城市景观对居民社区认同感的影响，可以评估景观对社区融合度的贡献。社区认同感反映了居民对居住区域的认同和归属感，而城市景观作为社区的一部分，其设计和呈现方式直接影响着居民的认同感。

具体而言，城市景观的布局、公共空间的设计、文化元素的体现等因素都可以影响居民对社区的认同感。通过定量和定性的研究方法，可以深入了解不同景观特征对社区认同感的具体影响机制。这不仅为城市规划提供了重要的社会心理学参考，还为打造具有社区凝聚力的城市环境提供了理论指导。

三、经济维度的评价指标

在经济维度，评价指标需考虑景观项目的经济效益和可持续性发展。

（一）经济效益

1. 直接经济效益的评估

在考虑景观项目的经济效益时，首先需要对其直接经济效益进行评估。这包括就业方面的影响，即景观项目是否能够创造更多的就业机会。通过对项目实施过程中所涉及的劳动力需求和相关行业的发展，可以量化景观项目对就业的直接促进效果。

2. 间接经济效益的评估

除了直接经济效益外，还需要考虑景观项目对相关行业的间接影响。这包括产值的增加和经济吸引力的提升。通过评估景观项目对周边商业、服务业的促进效果，能够全面了解项目对城市经济的贡献，从而确保景观建设在经济层面具有积极可行性。

（二）可持续性发展

1. 资源利用的评估

在考虑景观项目的可持续发展性时，首先需要关注其对资源的利用情况。这包括土地利用、水资源和植被等方面。通过评估项目对这些资源的需求和影响，能够判断景观建设是否在合理范围内利用城市的有限资源。

2. 能源效率的评估

可持续发展还涉及能源的有效利用。景观项目在设计和实施中，应当考虑到能源效率的问题，采用符合绿色建筑标准的技术和材料，以降低能源消耗和对环境的影响。通过评估项目在能源利用方面的表现，可以判断其是否符合可持续发展的要求。

3. 生态平衡的评估

考虑到生态平衡的重要性，评价景观项目的可持续性发展需要关注其对生态系统的影响。这包括植被的保护、生物多样性的维护等方面。人们对景观项目对生态系统的保护和促进作用进行评估，可以确保城市景观的建设不会对环境产生负面的长期影响。

第二节　风险评估与决策支持

一、评估中可能面临的风险和挑战

（一）数据不准确

在智慧城市景观评估过程中，数据的准确性是确保评估结果科学性和可信度的关键因素。数据不准确可能导致评估的偏差和不确定性，特别是在处理涉及多个维度的复杂景观评估时。

数据的不准确性主要表现在以下三个方面。

首先，可能面临数据采集不完整的问题。在实际数据采集过程中，由于各种原因，如技术限制、采样区域不全面等，可能导致某些关键数据缺失。这会影响到对城市景观各个层面的全面评估，使得评估结果不够全面和准确。

其次，不准确的数据采集可能导致数据质量下降。例如，在监测环境因素时，如果传感器或监测设备存在误差或损坏，采集到的数据可能与实际情况不符，从而影响对城市空气质量、水质状况等的准确评估。

最后，数据的时效性也是一个重要问题。城市是动态变化的，如果评估所使用的数据过时，无法反映当前的城市状态和发展趋势，就会影响评估的实效性和参考性。

（二）模型预测误差

在智慧城市景观评估中，采用模型进行预测是一种关键的方法，然而，模型的建立和参数选择可能带来一定的误差。这种误差源于城市景观的复杂性，不同因素之间相互交互，使得模型的准确性面临着一系列挑战。

首先，建立模型时需要考虑众多城市景观影响因素，包括环境、社会、经济等多个维度的指标。这些因素之间的相互作用和复杂性使得模型的建立变得烦琐，而忽略某些关键因素可能导致模型的预测结果存在较大的偏差。

其次，模型的参数选择也是一个具有挑战性的任务。参数的设定直接影响模型的准确性，但在现实城市场景中，不同地区、不同时间点可能需要不同的参数设置。模型参数的不确定性和时空变化性是模型误差的重要来源。

最后，城市景观的动态性和不确定性也增加了模型的不确定性。城市在不同时期可能经历结构性的变化，例如人口增长、新兴产业的涌现等，这些因素对模型的预测提出了更高的要求，而模型难以完全捕捉这些变化。

（三）社会变革引起的不确定性

城市社会结构的变化和科技发展带来的不确定性是智慧城市景观评估中一个重要的挑战。社会变革可能引发新的社会趋势、生活方式变化等，这些未知因素增加了对未来影响的难以预测性，对智慧城市景观的科学评估提出了更高要求。

首先，城市社会结构的变化可能带来新的社会趋势。随着社会的发展，人们的价值观、生活方式和社交模式可能发生重大变化。例如，新的科技应用可能改变人们的工作方式、娱乐方式和社交行为，从而影响城市景观的需求和布局。这种不确定性使得对未来社会趋势的准确预测变得更加困难。

其次，科技发展可能带来生活方式的变化。新兴技术如人工智能、互联网的普及等可能改变人们的生活方式和消费习惯。例如，智能家居、共享经济等新兴概念可能对城市景观的设计和规划产生深远影响，但这些影响难以事先确定，增加了评估的不确定性。

（四）城市规划的长期性

城市景观评估过程中，对城市规划的长期性考虑至关重要。

首先，城市规划通常是一项长期的、持续性的活动，旨在引导城市的发展方向和目标。这种长期性意味着城市规划目标的制定和实施需要考虑未来几十年甚至更长时间范围内的变化和需求。因此，城市景观评估需要充分理解并对接城市规划的长远愿景，确保评估结果与城市的长期规划目标相一致。

其次，城市的长远规划和发展目标可能受到多种因素的影响，包括经济、社会、环境等多个层面的因素。经济的发展趋势、社会结构的变化、环境保护的需求等因素都可能对城市规划目标产生影响，从而影响城市景观的设计和发展。在评估中，需要深入研究这些潜在因素，以更好地理解城市规划的长期性，并据此调整景观评估的指标和方法。

再次，城市规划的长期性还涉及城市基础设施和公共服务的规划和建设。例如，城市交通网络、水源保障、绿地规划等都是长期性的城市规划重点。在景观评估中，需要综合考虑这些基础设施的规划和发展，确保城市景观的评估与城市基础设施的长远规划相协调，以支持城市的可持续发展。

最后，城市规划的长期性还意味着城市在不同时期可能面临不同的挑战和机遇。景观评估需要具备足够的灵活性，才能够适应不同时期的需求和变化，为城市规划提供及时、科学的决策支持。这需要在评估过程中引入动态的评估方法，以更好地应对城市规划长期性带来的复杂性和不确定性。

二、决策支持系统的应用

（一）大数据分析

决策支持系统在智慧城市景观评估中通过大数据分析技术的应用，发挥着关键的作用。大数据分析技术的引入使得决策支持系统能够更深入地分析众多评估指标，从而提供更为全面和深刻的数据支持。

首先，大数据分析技术具有处理海量数据的能力。在智慧城市中，涉及的数据涵盖了空气质量、水质状况、噪声水平等多个方面的信息。这些数据量庞大且复杂，传统的分析方法难以胜任。通过大数据分析技术，决策支持系统能够高效处理这些数据，挖掘其中的潜在关联和模式，为评估提供更为精细和全面的信息。

其次，大数据分析技术能够发现数据中的关联性和趋势。智慧城市景观评估涉及多个维度的指标，而这些指标之间可能存在复杂的相互关系。通过大数据分析，决策支持系统可以识别不同指标之间的关联性，帮助理解城市景观变化的内在规律。同时，对数据中的趋势进行分析有助于预测未来可能的发展方向，为规划提供更为科学的依据。

最后，大数据分析技术还能够实现实时监测和预警。智慧城市的数据获取是持续不断的，通过实时分析这些数据，决策支持系统可以及时发现潜在的问题和风险。这为决策者提供了及时和灵活的决策支持，有助于迅速应对城市景观变化可能带来的挑战。

（二）模拟技术

模拟技术在决策支持系统中的应用为智慧城市景观评估提供了强大的工具。通过采用模拟技术，决策支持系统能够进行情景分析，评估不同决策方案在各种情景下的可能结果，从而为决策者提供了全面的支持，帮助他们更好地理解潜在的风险和影响。

首先，模拟技术允许系统创建虚拟环境，模拟城市景观变化的过程。通过在虚拟环境中实施不同的决策方案，决策支持系统可以模拟城市景观的发展轨迹。这有助于评估各种因素对城市景观的影响，包括环境、社会和经济层面的变化。通过虚拟实验，决策者能够在不同情景下观察城市景观的演变，为未来决策提供更具体的参考。

其次，模拟技术允许系统进行多方案比较。决策支持系统可以在虚拟环境中同时实施多个决策方案，比较它们在各种情景下的效果。这种多方案比较有助于决策者理解每种方案的优势和劣势，为选择最合适的方案提供支持。通过模拟不同情景下的结果，决策者能够更全面地考虑各种可能性，减少决策的盲点。

最后，模拟技术还能够帮助决策者识别潜在的风险。在虚拟实验中，系统可以模拟可能的不利情景，揭示潜在的问题和挑战。这有助于决策者在实际决策中更加审慎并全面考虑可能存在的风险，从而降低决策的不确定性。

（三）实时监测和预警

实时监测和预警是决策支持系统在智慧城市景观评估中的重要功能。通过利用先进的信息技术，系统能够实时监测评估过程中的各种变化和风险，及时提供预警信息，为决策者提供迅速做出反应的机会，以减轻潜在风险的影响。

在评估过程中，数据的实时性对于获取准确的信息至关重要。决策支持系统通过先进的传感器技术和监测设备，能够实时采集各种环境因素的数据，包括空气质量、水质状况、噪声水平等。这些实时数据为系统提供了实时监测的基础，确保评估过程中获得的信息是最新、最准确的。

实时监测不仅包括环境数据的采集，还包括对模型预测的实时监控。决策支持系统通过与实际数据进行对比，能够检测模型的准确性并实时调整模型参数。这有助于提高评估的科学性，确保决策基于准确可靠的信息。

除了实时监测，决策支持系统还能够通过先进的信息技术提供实时预警信息。系统通过分析实时数据和模型预测，能够识别潜在的风险和问题，及时向决策者发出预警。这种实时反馈机制使决策者能够迅速了解评估过程中可能出现的挑战，采取相应措施来应对和调整决策方案。

（四）综合分析与科学依据

综合分析与科学依据是决策支持系统在智慧城市景观评估中的核心功能。该系统通过对多个评估指标进行深入综合分析，为决策提供科学依据，使决策者更好地理解复杂的城市景观评估情境。

首先，决策支持系统能够将来自不同监测技术和数据源的信息进行融合。例如，通过整合卫星遥感数据、飞机航拍图像以及传感器实时监测数据，系统可以获得高分辨率、全面且多层次的城市景观信息。这种多源数据的综合分析为决策者提供了更全面、立体的城市评估基础，有助于更全面地理解城市景观的特征和变化。

其次，决策支持系统能够对多个评估指标进行深入分析，并探索它们之间的关联性和趋势。通过大数据分析技术，系统能够挖掘数据中的潜在关系，揭示城市景观对环境、社会和经济等方面的综合影响。这种综合分析有助于厘清各个因素之间的相互作用，为决策者提供更深入的洞察，使其能够从全局出发制订策方案。

最重要的是，决策支持系统提供的科学依据基于实时监测和预警，确保决策者获取的信息是最新、最准确的。通过及时更新数据和模型预测，系统为决策者提供了可靠的科学依据，使其能够做出更具有针对性和实效性的决策。

第三节 监测技术与数据应用

一、不同监测技术在智慧景观中的应用

（一）遥感技术的应用

1. 卫星监测

卫星遥感技术作为智慧城市景观评估中的关键工具，在城市规划和设计中发挥着重要的作用。通过卫星获取城市景观的高分辨率空间信息，包括地物覆盖和土地利用等方面的数据，为景观评估提供了全面而详细的数据基础，为规划者提供了深入了解城市的空间特征的机会。

卫星监测技术的主要优势在于其广覆盖性和高空间分辨率。卫星能够覆盖大范围的城市地区，提供大面积的景观信息。通过对地球表面的定期扫描，卫星能够捕捉到城市景观的动态变化，从而实现对不同时间点的空间数据获取。这种时间序列的数据有助于分析城市发展的趋势和模式，为未来规划提供科学依据。

卫星遥感技术的另一个关键特点是其能够获取高分辨率的图像数据。这意味着规划者可以获得关于城市细节的详尽信息，包括建筑物、绿地、水体等的准确位置和空间分布。这为精细化的景观评估提供了可能性，使规划者能够更好地理解城市景观的组成和结构。

利用卫星遥感技术获取的数据可通过地理信息系统（GIS）进行整合和分析。GIS 技术使规划者能够在地图上精确绘制城市景观的特征，同时进行空间分析和模型构建。这种集成方法为规划者提供了一种更加全面、跨学科的研究方式，有助于深入理解城市景观的复杂性和多样性。

2. 航空摄影监测

航空摄影监测是智慧城市景观评估中一项重要的技术手段，通过利用飞机进行摄影监测，可以获取更高精度的景观图像，为城市规划和设计提供了丰富的信息资源。相较于卫星遥感技术，航空摄影监测具有更高的空间分辨率和更灵活的

数据获取方式。

利用飞机进行航空摄影监测，可以获得高精度的景观图像，这使规划者能够更详细地观察城市景观的细微特征。建筑物、道路、公园等细节信息在图像中得以清晰展现，为景观评估提供了更为准确和全面的数据基础。这对于需要更精细解析度的评估和规划项目尤为重要，例如，城市更新、重建或特定景观设计的项目。

通过飞机飞越城市区域，摄取连续的图像，可以迅速建立起城市景观的全景视图。航空摄影监测技术能够在相对短时间内快速获取大范围的景观信息。这对于需要紧急响应或者进行大范围规划的项目具有重要价值，为规划者提供了高效的数据支持。

航空摄影监测技术不仅提供了视觉上的信息，同时也为数字地图的构建提供了基础。这些高分辨率的图像可以通过地理信息系统（GIS，以下称 GIS 技术）进行处理和分析，进一步深化对城市景观的认识。GIS 技术的应用使规划者能够在图上进行精确标注、量化分析，为跨学科的景观研究提供了更加丰富的数据。

（二）地理信息系统的应用

地理信息系统在智慧城市景观评估中的应用具有重要的学术价值和实践价值。GIS 技术利用遥感获取的空间数据，通过地图制图和分析，为城市规划和景观评估提供了强大的工具支持。这种技术的广泛应用为规划者提供了更全面、精准的城市空间信息，从而促进跨学科的景观分析和综合评估。

GIS 技术以其强大的地理数据处理和可视化能力而在智慧城市景观评估中崭露头角。通过整合遥感获取的空间数据，GIS 技术能够构建城市景观的空间数据库，其中包含了丰富的地理信息，如地物分布、土地利用、交通网络等。这为规划者提供了全面的空间参考，有助于更好地理解城市的空间结构和特征。

通过 GIS 技术，规划者可以进行地图制图，将城市景观的各种要素以图形的形式展示在地图上。这不仅为决策者提供了直观的视觉印象，还使城市空间的复杂性更容易理解。通过地图制图，规划者能够将各类地理信息有机地整合在一起，形成直观、易于理解的可视化呈现，为规划和决策提供了直观的工具。

在城市规划和景观评估中，GIS 技术的跨学科应用也是其优势之一。由于城市景观涉及多个层面的要素，如自然环境、社会经济、文化特征等，GIS 技术能够整合这些复杂的数据，并通过空间分析方法揭示它们之间的关系。这种跨学科的景观分析有助于规划者更全面地理解城市景观的多维特征，为可持续城市发展提供更全面的指导。

综合而言，GIS 技术在智慧城市景观评估中的应用为城市规划和设计提供了有力的工具支持，能够整合和分析丰富的地理信息，为规划者提供全面的城市空间参考，促进了跨学科的景观分析，为创造更宜居、可持续的城市环境提供了重要的决策支持。

二、监测数据在分析和利用中的应用

（一）数据深度分析

1.景观变化规律

通过对监测数据的深度分析，我们能够深入洞察城市景观的变化规律和趋势，这为我们理解城市发展的动态过程提供了关键的科学依据。监测数据的深度分析不仅是对静态数据的简单解读，更是对城市景观演变的深刻剖析，为未来的规划和决策提供有力支持。

首先，通过对监测数据进行趋势分析，我们能够识别出城市景观的长期演变趋势。这包括各种地物覆盖类型的面积变化、土地利用的动态变化等。通过时间序列的数据，我们可以追溯城市在不同时期的景观格局，识别出可能存在的周期性变化或趋势性变迁。这有助于揭示城市景观的生命周期，为未来的规划提供历史经验的参考。

其次，深度分析监测数据能够揭示出城市景观的空间异质性和分布格局。通过对不同地区、不同类型地物的监测数据进行比较和关联分析，我们能够识别出城市景观的热点区域、发展亮点以及存在的问题和挑战。这种深层次的分析有助于制定差异化的城市规划策略，更好地满足不同地区的发展需求。

最后，监测数据的深度分析还可以帮助决策者理解城市发展背后的驱动因素。通过对监测数据与其他社会经济数据的关联分析，决策者能够识别出导致景观变化的根本原因。这有助于从根本上解决城市发展中可能存在的问题，促进城市向更加可持续、宜居的方向发展。

2.空间关联性分析

利用 GIS 技术结合监测数据进行空间关联性分析能够深入挖掘城市景观的空间特征，为规划提供差异化支持。这种分析方法通过整合不同地区的监测数据，揭示了城市景观的空间关系，为规划者提供了更加全面、精准的城市空间信息。

首先，空间关联性分析能够识别出城市景观的空间异质性。通过在 GIS 中整合监测数据，我们可以对不同地区的景观特征进行比较和分析，识别出在空间上存在明显差异的区域。这有助于规划者更好地理解城市内各个区域的发展状况，为针对性的规划提供依据。例如，通过比较不同区域的植被覆盖率、建筑密度等景观要素，规划者可以识别出绿化较少或建设较为密集的区域，从而有针对性地提出相应的规划策略。

其次，空间关联性分析有助于发现城市景观的空间集聚现象。通过在 GIS 技术中进行聚类分析，我们可以找到具有相似景观特征的区域，并识别出可能存在的景观热点。这种分析有助于发现城市中具有相似发展模式或特殊景观特征的区域，为规划者提供了更加精准的空间参考。例如，发现某个区域存在较高的社区融合度和市民满意度，规划者可以进一步研究其成功经验，并在其他区域推广应用。

最后，空间关联性分析还能够揭示城市景观的空间相互影响关系。通过在 GIS 技术中建立景观因子之间的空间关系模型，我们能够了解不同要素之间的相互作用，并识别出可能存在的空间依赖关系。这有助于规划者更好地理解城市景观的复杂性，为提出整体性、协同性的规划策略提供了支持。

（二）评估景观项目效果

监测数据可用于评估景观项目的实际效果。通过比较项目实施前后的监测数据，可以客观评估景观变化对环境和社会的影响，为景观的进一步改进提供依据。

1.环境影响评估

环境影响评估是景观项目可持续性评估中至关重要的一环，而监测数据则扮演着关键的角色，帮助我们客观而科学地评估景观项目对环境的实际影响。通过监测空气质量、水质状况、噪声水平等多个环境因素的变化，我们能够量化景观变化对自然环境的影响程度，为城市实施环保措施提供科学依据。

在评估景观项目对空气质量的影响时，我们可以通过监测大气污染物浓度的变化来客观评估其改善效果。例如，通过对比实施前后的监测数据，包括颗粒物、氮氧化物和二氧化硫等大气污染物的浓度变化，我们能够量化景观项目对空气质量的实际改善效果。这种定量的评估方法为我们提供了客观的环境质量指标，使我们能够更准确地判断景观项目的环境效益。

在水质状况的评估中，监测数据同样具有关键作用。通过水质监测，我们可以了解景观项目对周围水域的影响，包括河流、湖泊等水体的水质状况。实施前后的水质监测数据对比可以直观地展示景观变化对水环境的实际影响。这些数据分析不仅可以用于评估景观项目对水质的改善效果，还有助于及时发现潜在的环境问题，为环保决策提供科学依据。

最后，噪声水平的监测也是环境影响评估中的重要内容。城市景观的改变可能对周围噪声水平产生影响，而通过监测噪声源、强度和频率的变化，能够科学评估景观项目对噪声环境的实际影响。通过前后的噪声监测数据对比可以帮助管理者了解景观变化是否对居民和环境的噪声水平产生了积极的或消极的影响。

2. 社会影响评估

社会影响评估是智慧城市景观规划中至关重要的一部分，而监测数据在此过程中发挥着关键的作用，帮助决策者客观而科学地评估景观项目对社会的实际影响。通过监测市民满意度、社区融合度等社会层面的因素，决策者能够深入了解景观变化对居民生活和社会互动的积极影响。例如，通过对比实施前后的市民满意度调查结果，决策者能够客观评估景观项目对社区居民生活质量的提升效果，为未来社区建设提供有益的经验。

在社会层面的监测中，市民满意度是一个重要的指标。通过定期进行调查，决策者可以了解市民对景观项目变化的感受和评价。实施前后的市民满意度调查数据对比能够直观地反映景观项目对居民满意度的影响，从而客观评估项目对社会的积极影响。这种定性和定量相结合的方法为决策者提供了全面的社会反馈，帮助他们更好地理解景观项目对城市居民的实际意义。

另一个重要的社会因素是社区融合度。通过监测社区内居民的互动、参与和社交活动，我们可以评估景观项目对社区融合度的影响。社区融合度的提升可能与景观变化有关，例如，增加了公共休闲空间、改善了社区规划等。通过对比实施前后的社区融合度数据，决策者能够客观评估景观项目对社区社交互动的促进效果，为未来社区规划和设计提供重要参考。

监测数据在社会影响评估中的应用至关重要。通过对市民满意度和社区融合度等社会层面因素的监测数据进行分析，决策者能够客观评估景观项目对居民生活和社会互动的实际影响。这种评估方法不仅有助于验证景观项目的社会可持续性，还为未来城市规划提供了有益的经验，推动智慧城市的社会层面更加宜居和可持续发展。

第八章

案例研究与展望

第一节　城市智慧景观设计与规划的典型案例

一、智慧城市绿色空间设计

在城市化快速发展的趋势下，智慧城市绿色空间的设计变得尤为关键。城市面临人口密度增大、用地压力增加、城市绿地匮乏等问题，而智慧城市则通过结合智能城市绿色空间规划和可持续景观设计的方法，为城市生态发展提供了解决方案。选取广州市 YX 区的 5 个城市绿色空间为案例进行分析，旨在为不同类型城市绿色空间规划提供有益的参考。

（一）广州城市绿地的现状及问题

广州市的城市绿地规划整体采用了"两片五区、三带联网"的布局结构，其中 YX 区作为老城区之一，集中了重要的行政部门，交通便利。然而，YX 区也面临着人口密度高、土地利用紧张等问题，导致城市绿色空间的整体分布不均、规模不足，并伴随着功能不匹配的现象。这种情况需要深入研究，特别是对 YX 区不同形式城市绿色空间的公众需求差异进行分析，以实现城市公共服务设施的合理供应和公共资源的优化配置[16]。

在 YX 区，城市绿地的现状反映出一些明显的问题。首先，由于人口密度高，城市用地紧张，导致城市绿色空间的整体规模难以满足市民的需求。不同区域的绿地分布不均，一些地区可能存在绿地匮乏的情况，难以提供足够的休闲和娱乐场所。其次，城市绿地的功能不匹配也是一个突出的问题。一些绿地可能更注重美化和观赏，而忽略了居民的实际需求，如休息和社交等。这种功能失衡导致绿地的利用效果不尽如人意。

（二）广州市 YX 区城市绿色空间设计原则

广州市 YX 区智慧城市绿色空间设计需要考虑整体的城市规划、国家政策以及本地居民的需求。在智能城市绿色空间规划中，不同类型的城市绿色空间需要采取差异化的策略，有针对性地进行规划设计，以实现更好的效果。科技创新为城市绿色空间的可持续设计提供了更多机遇，新的方法和技术使景观设计更加智能，进一步实现城市绿色空间的良性循环。

1. 可持续景观模式

在设计智慧城市绿色空间时，必须充分考虑可持续发展的原则。景观格局应根据周边环境、设施状况和居民类型进行合理安排，以最大限度地发挥城市绿色空间的功能。例如，在街道绿化设计中，需注重连续性和美学性，而居住区的设计应满足舒适、宜人的环境需求，工业园区则需关注对空气质量和噪声的处理。公园和广场的设计要考虑整体美观性和城市特色，同时满足城市居民的多样化需求。

2. 可持续景观材料

景观材料分为软质景观和硬质景观两类。可持续植物景观配置应将本地植物与天然野生植物相结合。采用生态材料，如局部材料、生态透水砖、生态混凝土等，以提升环境协调性和稳定性。[17]

3. 可持续景观利用

在城市绿色空间道路上，应配置充足的灌溉设备，改善或更换不适合植物生长的土壤。城市排水系统也需要配置充足，确保绿色空间的可持续利用。各种植物为动物提供栖息地，同时增加绿色碳汇容量，实现生态服务功能的多样化。合理利用风、光、水等自然元素有助于减少城市的资源和能源消耗。

4. 可持续管理技术

物联网技术与现代生态相结合，建立大型智慧城市绿色空间数据库系统，实现人与自然智能连接。智慧城市绿色空间管理平台利用地理信息系统（GIS）强大的功能，提供全面的信息管理。分层设置权限，为城市绿色空间的规划管理、景观现状与历史数据、植物多样性等提供完整的管理平台。[18]

（三）广州市 YX 区绿地的布局与要素

广州市 YX 区居民对于城市绿色空间的具体需求可以从数量、可达性和质量三个方面进行评估，通过相关居民对于不同业态的城市绿色空间的调查显示，人们对于增加居住区城市绿色空间和景区城市绿色空间的需求占比最大，相比之下，增加商用和道路城市绿色空间的需求较少，公众几乎没有增加工业绿色空间的需求。这一结果与目前 YX 区城市绿色空间的分布不均匀有关，在老旧的居住区中，城市绿色空间很少或根本没有。风景秀丽的城市绿色空间集中在广州雕塑公园、麓湖公园等城市公园上，因为所处区域原有地形地貌条件或者行政规划相对来说较好[19]。由于整个区的历史十分悠久，所以一些商业、道路、居住区的城市绿色空间是重新改造或新建的。

1.居民需求评估与城市绿色空间布局

在广州市 YX 区，居民对城市绿色空间的需求主要涵盖数量、可达性和质量三个方面。通过对不同业态城市绿色空间的调查，显示出居民对增加居住区和景区绿色空间的需求最为迫切。然而，现有城市绿色空间分布不均，老旧居住区缺乏绿地，而景区绿色空间主要集中在相对优越的地理位置。这表明城市绿色空间规划需要更加注重公众需求，尤其是对居住区的绿地改造和增设。

2.智慧城市绿色空间规划的可持续性

智慧城市绿色空间规划需要结合城市整体规划和国家政策，以及周边居民的需求。景区城市绿色空间作为城市的生态休闲空间，应该在数量、功能和管理等方面进行升级。通过构建楔形绿化带和生态间隔带，提高中心城区与周边地区的生态连通性。在功能上，强化景区城市绿色空间的生态休闲功能，满足公众体验自然和休闲的需求。整体规划结构要符合广州市空间布局和公众需求，以确保智慧城市绿色空间的可持续性和适应性。

3.业态城市绿色空间规划与公众需求

不同业态的城市绿色空间应根据公众需求进行差异化规划。住宅区的绿色空间应以社区公园和口袋公园为主，增加绿地的覆盖面和可达性，满足居民对休闲和体育活动的需求。商业区和工业区的绿色空间则要注重休闲活动空间和氛围营造，满足人群路过和停留的需求。道路绿化空间应强调景观和连续性，服务于行走和通过的需求。城市绿色空间规划要更加智能，结合城市人口密度，实现有限空间内的最佳配置，满足多样的市民需求。

这样的规划能够更好地解决城市绿色空间布局不均、不同业态需求不同的问题，实现绿地资源的科学配置和社会需求的精准满足。通过充分考虑公众需求，结合智慧城市的理念，可以为广州市 YX 区的城市绿色空间规划和可持续景观设计提供创新的思路和有效的实施方案。

二、城市智慧街道景观设计

在当今经济全球化的背景下，科技的不断飞速发展深刻地塑造着城市的面貌。近年来，智慧城市理念引起了广泛的观注，社会各界纷纷期望通过构建智慧城市，使人们的生活更为便捷、高效。通过信息技术，相关机构能够更好地了解人们的日常衣食住行数据，以更好地为市民提供服务。智慧城市理念的核心在于将人民的需求置于首位，强调将信息技术与知识相融合，从而推动城市形态的创新。在这一智慧城市理念的引领下，城市智慧街道景观设计成为提升城市品质、增进市民生活体验的关键。这种设计不仅关注景观的美观性，更注重利用信息技术为市民提供更加智能、便利的生活环境。

（一）智慧城市理念下街道景观的重要性

在智慧城市建设中，城市建设方向是关键，其中街道景观受影响较大。明确城市功能方向也是明确智慧城市建设方向，科学改造街道景观对建设智慧城市有很大帮助。在规划街道景观时，不仅要满足多数市民的生活需要，还要提升城市的经济发展水平、环境保护能力，将智慧、城市、技术等相融合。

1. 城市智慧街道景观的重要性

在智慧城市建设中，城市是核心关注点，而街道景观作为城市的生命线，在智慧城市理念下具有重要意义。城市功能方向的明确直接影响到智慧城市的建设方向。科学改造街道景观不仅有助于满足市民的生活需求，更能够提升城市的经济发展水平和环境保护能力。在智慧城市的构建中，将智慧、城市、技术等要素相融合，规划科学的街道景观成为实现智慧城市目标的有力手段。街道不仅是城市的主要组成部分，也是最具有创新潜力的区域。

城市设计中最为关键的元素是街道景观。它不仅仅是为了提升城市美感，更需要关注其可持续发展能力。通过使街道景观具有活力，市民在其中能够感受到参与感和归属感，从而增强城市的社区凝聚力。街道所体现的价值和文化也是城市整体价值和文化的象征，为城市增色不少。

2. 节能环保智能化街道景观系统

在智慧城市的框架下，智能化的街道景观系统对于实现节能环保至关重要。这种系统能够通过智能环保监管系统，实现对照明系统的有效隔热结构的监测，有效蓄热和加热，具备实时有效的安全监控功能。采用智能环保监管系统的隔热结构，不仅提高了能源利用效率，还能够实现可持续建设。通过环境因素的巧妙利用，如智能化照明系统、太阳能照明设施等，街道景观系统能够在不同时间和不同气候条件下实现节能效果，推动城市向绿色、智能的方向发展。

3. 水资源管理与人文景观建设

水资源和人文资源是街道景观中至关重要的元素。通过智慧平台的建设，可以实现对水资源的综合管理。大数据提取技术的应用，使得相关数据可以实时监测和分析，为水资源的合理利用提供了科学依据。同时，智能化的水表系统也能够实现对供水、排污等水系统的实时监控，为解决水资源污染和滥用问题提供了切实可行的途径。[20]

在人文景观建设方面，结合地域文化和风土人情进行创新性设计是关键。城市街道景观应该具有人文意义，通过绿化植物景观的巧妙设计，美化城市并满足市民的生活需求。借助环境因素对街道进行美化，通过节能环保的智能系统，促进可持续的城市建设。同时，特色建筑与地域文化的结合和贯彻以人为本的原则，完成智慧城市的建设，使城市更具吸引力和文化深度。

（二）智慧城市理念下街道景观的规划

1. 体现植物的可塑性与适应性

（1）考虑植物的生长周期和特性

在智慧城市街道景观规划中，重要的一环是体现植物的可塑性与适应性。首先，要考虑植物的生长周期，以确保景观在不同季节都能保持美观。针对不同植物的特性，应进行细致研究，了解其生长习性和可伸缩性。这有助于在建设过程中合理选择植物，以满足街道景观的综合需求。

（2）确保植物与环境相互协调

在实际建设中，需要考虑植物与周边自然环境的相互作用。阳光、空气、水分和温度等环境因素对植物生长至关重要。通过收集和测量这些数据，进行针对性的分析，可以最大限度地满足实地综合使用需求。因此，规划中需要注重植物与环境的相互协调，保障植物能够在健康的环境中茁壮成长。

（3）数据分析与智能选择

智慧城市的理念要求利用数据科学的方法来优化城市规划。在街道景观的设计中，对植物的选择可以通过数据分析来优化。考虑植物的生长速度、适应性以及对环境的影响，通过智能算法进行选择，以实现最佳景观效果。这种数据驱动的方法有助于在规划初期就做出科学合理的植物选择，提高景观的可持续性。

2. 体现植物的多样性

（1）融合社会科学和艺术审美

在街道景观设计中，除了考虑植物的观赏性和生长特性，还需要融合社会科学和艺术审美。植物的线条感、色彩搭配、形态美感以及轮廓感是设计中的关键要素。设计师应该学习并掌握植物的这些特性，以确保景观在美学上达到高水平。

（2）遵循基本原则

在植物配置方案中，需要遵循统一形式和功能、对比和协调、稳定性和平衡性等基本原则。统一形式和功能是智慧城市建设的基础原则，通过合理转变和融合来实现街道景观的整体统一。对比和协调原则要求在植物的数量、色彩和亮度等方面取得平衡，创造出独特而协调的景观。而稳定性和平衡性的原则则关注植物的层次和立体面，确保景观在整体上具有平衡感。

（3）突出植物的多样性

设计师应在街道景观中注重植物的多样性。通过合理选择、搭配植物，创造出多层次、多元化的景观效果。这不仅能够提高景观的观赏性，还有助于保护生态多样性，促进城市生态系统的健康发展。[21]

（三）智慧城市理念下街道景观的作用

1.使城市更加舒适美好

（1）完善城市功能与智慧技术应用

建设智慧城市的首要目标是提高城市居民的生活水平，同时增强城市在社会教育、经济等各个方面的功能。核心在于利用智能信息技术，通过科学技术的运用来优化城市功能。在街道景观规划中，引入智能化设施如智能候车设备、机器人、智能座椅、太阳能路灯等，从而提高城市的实用性和时尚感。这种科技应用不仅让城市更为智能，也能更好地服务于居民的生活需求。设计师需要注重在规划中融入智慧城市的理念，使街道景观与时俱进，更符合城市居民的生活方式。

（2）突出城市特色与生活需求

智慧城市的街道景观设计需要突出各城市的不同特色，同时满足居民的生活需求。通过科技的运用，如智能娱乐设施和实用设备，提高城市的吸引力和便利性。这包括但不限于虚拟现实技术的运用，通过模拟各地景观场景，创造独特的智能娱乐功能，使市民在体验游玩的同时感受各地地域文化。设计师在规划中要充分考虑城市居民的生活需求，通过创新设计和科技应用，使街道景观不仅具有时尚感，更能提升城市的整体形象，使之更加舒适和美好。

2.使城市景观智慧宜人

（1）利用现代信息技术提高生活质量

智慧城市的理念在于利用信息化基础建设，核心是信息资源和创新。在街道景观的规划中，运用现代信息技术如虚拟现实技术，模拟世界各地景观，提高景观的观赏性。通过与地理信息系统和互联网技术的结合，增加智能娱乐功能，创造出宜人的城市景观。这样的设计不仅能够提高城市居民的生活质量，还能够更好地保护生态环境，得到社会的关注和支持。

（2）结合社会科学和艺术审美

城市景观植物的选择上，除了考虑观赏性和生长特性外，还需结合社会科学和艺术审美，创造出独特而协调的景观效果。[22]

（3）体现城市特色与生态环保

智慧城市的街道景观设计不仅要符合城市绿化建设的要求，还需在建设过程中遵循两条设计原则。一是功能与形式统一原则，要根据城市居民的生活、工作习惯和对户外环境的要求，科学设计植物配置，使其与街道生态环境协调统一。二是人性化设计原则，要考虑市民的审美感受，确保花草树木搭配层次分明、简洁明快，达到美观与实用功能相互融合的效果。智慧城市的街道景观需要体现城市特色，注重生态环保，通过合理的植物配置和绿化设计，提升城市的整体形象。

3.使绿化设计科学合理

（1）注重功能与形式统一

在街道绿化设计中，要遵循功能与形式统一的原则。植物的选择应根据城市居民的生活、工作习惯，结合当地气候环境科学设计乔木、灌木等植物配置，使绿化植物与街道生态环境协调统一。这不仅能够提高绿化的实用性，还能创造美观的街道景观。

（2）人性化设计满足市民需求

在街道设计中，人性化设计尤为重要。在植物配置的比例方面，需要考虑市民的审美感受，保证花草树木搭配层次分明、简洁明快，使市民感受到美与舒适。同时，乔木、灌木、草坪配置与街道两侧建筑构图要均衡和谐，保证整体景观的融合。通过人性化设计，绿化植物的配置能够更好地满足市民的审美需求，使其在欣赏城市景观时感受到和谐与美。

（3）利用科技手段实现可持续建设

在绿化设计中，科技手段可以被充分利用，以实现可持续建设。智能信息技术可以用于监测和管理植物生长状况，确保其健康生长。智能环保监管系统能够有效管理植物的水分、阳光、温度等因素，提供实时有效的安全监控功能。通过大数据提取技术，收集并分析相关数据，可以实现对植物的精准管理，确保植物在城市环境中的良好适应性。这样的科技手段不仅提高了绿化的管理效率，还有助于实现绿色、智慧的街道景观系统。

（四）智慧城市理念在街道景观中的应用

智慧型城市是在城市景观中融入智能化要素，将其连接成整体。街道景观是城市景观中最重要的部分，其中包括交通设施、绿化植物、街道景观小品、照明系统等。本章主要对街道景观小品、照明系统、水景智能化在环境中的应用进行分析。

1. 智能化街道景观小品

在城市景观设计中，景观小品被赋予了重要的地位，成为活跃空间、展现城市独特魅力的核心元素，在街道景观中扮演着不可或缺的角色。这些小品之所以能够成为城市形象的标志，根植于它们所具备的文化性和互动性。在城市发展的进程中，景观小品不再仅仅是单一的装饰物，更是一种文化的传承和表达。正如人们所说，没有文化的城市将失去其深层次的内涵和意义。

景观小品的文化性表现在其对城市文脉和历史传统的延续与创新。通过雕塑、装置艺术等形式，设计师能够将城市的历史、人文精神巧妙地融入小品之中，使之成为城市文化的具体体现。这些小品既是对城市过去的致敬，又是对未来的展望，为城市居民提供了文化认同感和归属感。互动性则使得景观小品不再是静态的存在，而是与市民产生更为紧密互动关系的载体。通过智能化技术的融入，小品能够感知周围环境和市民的互动，展现出更加生动和有趣的一面。这种互动不仅仅是观赏，更是市民参与城市文化建设的一种方式，激发了城市居民的创造性和参与热情。

在智能化的时代背景下，景观小品通过引入先进的科技手段，实现了更为丰富的表现形式。例如，通过嵌入传感器，小品可以感知环境的温度、湿度等参数，实现对光影、颜色等元素的智能调控，使其呈现出更加多样化和立体感的效果。同时，景观小品的互动性也在智能化的基础上得以加强，市民可以通过手机 APP 等方式参与景观小品的互动体验，使其成为城市中具有社交属性的元素。这种智能化的设计不仅提高了景观小品的观赏性，更加强了市民与城市之间的互动。

2. 景观照明系统

照明系统在城市景观设计中扮演着极为重要的角色，不仅为城市增色添彩，还是将艺术与生活紧密结合的媒介。然而，随着城市的不断发展，光污染问题逐渐凸显，给环境和人们的身体健康带来负面影响。因此，如何科学合理地运用灯光成为设计人员亟须思考的问题。智慧城市理念在这一背景下显得尤为重要，而 5G 智能化路灯的应用成为解决方案之一。

城市的照明需求与日俱增，然而传统照明系统所带来的光污染问题已经引起广泛关注。智慧城市理念通过引入 5G 智能化路灯，为城市照明系统注入新的活力。这些智能化路灯不仅能够满足城市的功能性需求，还通过环境监测、智慧照明、智慧广播、一键求助等功能，实现了系统的多元化。其中，环境监测功能能够及时感知城市环境参数，通过智能调节获得更加科学合理的照明效果。智慧照明则通过智能灯杆的设计，使灯光在空间中的分布更加均匀，避免了光污染。同时，智慧广播和一键求助功能使得这些路灯不再只是被动的设施，更成为城市管理和市民服务的智能节点。

除了功能性的一面，5G智能化路灯在审美性上也表现突出。其设计注重灯杆的外观，使其成为城市街头的艺术品。审美性的提升不仅能够满足市民对美好生活的追求，也有助于提升城市形象。因此，这些路灯不再只是简单的照明设施，更成为城市的一部分，展现出智慧城市的现代感与时尚。

3. 水景的智能化运用

水作为自然界中最常见的物质之一，承载着生命的源泉，其柔美的存在使其在城市景观中具有独特的美学价值。随着我国城市化进程的不断加速，城市景观智能化的趋势日益显著，其中水体景观的智能化设计成为城市规划中的重要组成部分。水景的智能化设计旨在通过引入先进的技术手段，赋予水景更多的智能化特征，从而提升城市景观的品质和可持续性。

近年来水景智能化设计的创新性和技术性不断突显，呈现出多样化的表现形式，包括但不限于叠水、落水、跌水等。首先，智能化的水景并非孤立存在，而是通过运用智能感应调控手段将照明体系和音乐体系有机结合，使得水景呈现出更加生动的面貌。这种融合为水景注入了艺术和科技的元素，使其不再仅仅是静止的景观，更具有与城市居民互动的潜力。通过智能感应系统，水景能够根据周围环境的变化做出实时响应，实现与城市生活的紧密连接。

其次，水景的智能化还体现在循环处理系统的运用上。这一系统的设计能够将水资源进行高效循环利用，达到节约用水的目的，同时合理保护水资源。在智能化水景中，循环处理系统的引入旨在降低对自然资源的依赖性，实现水资源的可持续利用。这不仅符合现代城市可持续发展的理念，也为水景的长期维护和管理提供了可行性的解决方案。

三、数字市政厅的景观实践

数字市政厅的景观实践是在海南生态智慧新城中展开的一次令人瞩目的设计与实施过程。该案例以数字市政厅为核心，通过巧妙的设计理念、独特的生态手法、深刻的文化体现，以及精心规划的实践过程和植物配置，为我们呈现了一个富有创新性和可持续性的景观空间。

（一）新城"五个一"规划理念的背景与理念

新城的规划理念奠基于"五个一"原则，即"一里一聚落、一舍一方田、一水一公园、一隅一天地、一键一世界"。这一规划理念旨在通过集成规划、建筑和景观设计，实现新城的整体一体化。数字市政厅作为这一理念的典范，体现了新城对于宜居、宜业、宜游、宜学、宜养全面发展的追求。

1. 山水新城的理念

新城地处海南北部，其规划理念源自 1990 年钱学森提出的"山水城市"概念，即将城市建设与东方山水园林文化相结合。数字市政厅在这一理念下，以"入则繁华都市，出则生态田园"为目标，通过灵活运用地形，将美伦河与荣昆河打造成生态滨河景观，数字市政厅更是以城之名筑山，营造了多层次的梯田景观，体现了新城对生态健康生长模式的探索。

2. 东方气质的追求

新城严格遵守"五个一"原则的规划理念，强调展现东方气质的景观形象。数字市政厅通过叠加与连通的院落园林式布局，展示了新城规划中"东方气质"的内向、包容、含蓄，旨在创造出富有东方特色的美好环境。

3. 诗情画境的审美标准

千百年来，中国山水文化对城市形态产生了深远影响，数字市政厅以"诗情画境"的理念为设计准则。新城通过"物境"美的形态、赋予场地"情境"美的景观设计概念，以及符合禅宗思想的"意境"美，使数字市政厅成为具有审美标准的城市景观设计。通过四季院落的布局，数字市政厅呈现了春生、夏长、秋收、冬藏的天道，展现了新城对于诗意栖居的追求。

（二）传统与创新

坡田之道

数字市政厅的设计早在总体规划初期就确立了自然向外的手法，以开口朝内部道路，并通过自然景观形态与城市主干道衔接，展现了坡田之道的独特魅力。作为新城的智慧门户，数字市政厅以其面向数字博览中心、微城公园、五指山总部大楼等公共区域的位置成为城市的交互界面。四个象限由大王椰围合，形成一个低调生态的形象面，融合了城市与自然的精致平衡。在建筑西侧和南侧，覆土景观起伏多变，沿路植物自然生长，吸引人们不知不觉地融入其中。挺拔的整体空间构成了低调生态的形象面，与周围自然环境融为一体。

数字市政厅的坡田景观体现了"师法自然"的设计理念。地形的高低起伏依附层叠的挡墙，使每层波峰错开，形成耐人寻味的景观。坡地的植被选择了可食用植物，通过树影投射在连绵起伏的坡地上，创造了丰富多变的景观面。这样的设计在充分展现自然美同时，也为城市带来了独特的生态体验。木棉树笔直高大的树形在坡田景观中显得格外突出，阳光透过树木投射在坡田上，形成斑驳的光影，为整个场景增添了层次感。坡地上的视野开阔，使得景观氛围变得沉静，为居民创造了适合远眺和静思冥想的空间。

（三）山林之城

数字市政厅的设计以山林之城的理念为基础，通过开放性的使用功能、热带地区气候策略的考量，以及对昌江木棉花梯田盛景的借鉴，引入了自然台地景观，形成了一个真正的城市山林。这一设计理念融合了传统中式园林的特点，使得建筑与景观之间达到了天衣无缝的统一。数字市政厅不仅具有观赏性，更注重功能性，兼具完美的城市山林特征。

山林之城的设计灵感源自《园冶·山林地》中的描述："园地惟山林最胜，有高有凹，有曲有深，有峻而悬，有平而坦，自成天然之趣，不烦人事之工"。这一理念在项目中得以实现，通过自然台地景观的引入，数字市政厅成功创造了一片兼具高低、曲直、凹凸、平坦的城市山林。其建筑与景观的结合体现了《园冶》中山林最胜的理念，成为城市中一处独特的山林之地。

在这个设计中，数字市政厅所倡导的山林之城并非仅仅是表面上美丽，更是在城市中引入自然元素，实现人与自然的和谐共生。整体上，数字市政厅的山林之城设计在传统与创新的结合中体现了现代城市发展的新趋势，为城市增添了独特的生态魅力。

（四）整合与实践

1.时空景观

项目的时空景观设计在建筑师的整体设计逻辑下同步推进，形成了一个立体游园空间。从空间的角度看，景观设计与建筑密切相连，包括坡田的标高、节能设施的布置以及材料的选择等方面。这种一体化的设计使建筑与景观之间呈现出紧密咬合的关系，创造出一个统一而丰富的空间体验。

在考虑时间因素时，景观设计注重植物生长的过程与建筑的相互关系。首先，对于苗木的体量和位置进行了精心规划，以确保它们与建筑的视线关系协调。随着时间的推移，乔木逐渐生长，与建筑形成动态的对比和映衬。其次，通过精细调整室内庭院植物的视觉感，使它们与建筑的内部空间相辅相成。最后，景观设计考虑到季节的更迭，保证了四季有景可观、有花可赏、有果可尝。这种设计方式使整个项目的景观在时间的推移中展现出多样的面貌，与季节、植物生长周期相互交融。

园林主要采用了有生命的植物、不锈钢板和多孔火山岩等造景材料，具有强烈的时间感。这些材料在不同的时期会呈现出不同的效果，展现微妙的变化。例如，火山岩孔隙中长出的苔藓、墙上的爬山虎、挂满枝头的果实、竞相盛开的木棉花和黄花风铃木花，以及等待收割的稻田等元素，都在不同的时间点展现出丰富的景观。这种设计理念使人们在游园的过程中能够感受到自然生态系统的生生不息，增强了景观的时空魅力。

这一时空景观设计不仅在建筑与景观之间实现了无缝对接，同时也通过时间的推移展现出景观的生命力和多样性。整个项目的设计理念旨在创造一个与自然和时间相互交融的空间，为人们提供丰富而持久的美好体验。

2.地域特色

受当地元素的启发，决定了一些关键要素。

（1）主体色彩

在海南这片富饶的土地上，建筑选择了红土色的陶板外立面，以展示夯土的肌理和海南乡土的独特颜色。这种红土色不仅是对当地红壤的致敬，更是一种建筑与自然融合的表达。陶板外立面的红色与海南的红土相呼应，营造出与周边环境和谐统一的氛围。而在景观的铺地方面，采用了海南特有的红色火山岩，这不仅赋予了场地独特的地域特色，也增添了一份自然之美。此外，围栏、挡土墙、栈道等结构采用了耐候不锈钢板，既保证了耐久性，又在材料的选择上与地域特色相协调，展现了现代建筑技术与传统地域文化的巧妙结合。

（2）景观意象

以海南昌江木棉梯田为灵感来源，项目明确定义了坡田景观的意象。将"以山为形，采田为意"融入设计理念，塑造了面向城市的休闲采摘公园。这一景观意象既从地域特色出发，又贴切地满足了当代城市居民对自然、休闲的追求。通过模仿梯田的形态，打造出层次分明、曲线流畅的坡田景观，为城市增添了一处具有独特地域风情的场所。这种景观意象的选择既符合当地地理特征，又注入了对土地的深情厚谊，使项目更具文化内涵。

（3）材料选择

项目在材料选择上充分考虑了当地的地域特色和可持续性。火山岩是海南人民记忆中的乡愁，因此在山地景观的挡土墙和步道的选择上，采用了这一具有地域特色的材料。火山岩不仅在造价上具有可控性，而且在自然美观上有独特的优势。挡土墙采用火山岩不仅体现了地域特色，还能够促使雨水下渗，重新呈现出自然的魅力。尽管火山岩的使用可能面临施工难度较大的问题，但项目决定通过聘请当地经验丰富的垒墙师傅，减少或几乎不使用水泥，以确保项目顺利实施。这种材料选择既保留了当地传统文化，又体现了对环境友好和可持续性的关注。

3. 生态造景

（1）土壤回填

实现再造山林的过程中，堆土丘是项目中一项较为复杂的工程。高达6米的回填土层下布满各种入户管网，因此为确保后期场地少沉降或不沉降，采用了分层夯实的方法。这一过程中，特别注重对场地坡度的考虑，以确保工程的稳定性。为了使后期检修便利，还利用视频影像记录了施工资料，以备日后之需。

（2）火山岩

项目中选用了"火山岩+草皮铺地"的设计，不仅增加了路面的透水性，减少了雨水算子的设置，还有效保证了景观效果。通过火山岩的吸附自净作用，水源采用了火山岩石材进行铺底，从而保证了水池的净化效果。火山岩的运用在设计中展现了自然与人工的巧妙融合，通过其独特的质感和形态为场地增色不少。

（3）耐候钢

在海南这样高温、高湿、强紫外线的气候条件下，选择材料变得尤为重要。为此，项目采用了耐候钢，其具有维护成本较低的特点，同时能够展现出力量与时间感。耐候钢栏杆和火山岩挡土墙的结合，不仅展示了自然与人工的碰撞，还在视觉上呈现出独特的美感。

（4）生态排水

由于场地高差较大，容易导致水土流失及场地冲刷。考虑到海南的暴雨情况，项目采用了"生态草沟+火山岩旱溪+水稻田调蓄"的方式，以确保雨水能够迅速到达市政管网系统，从而缓解了排洪压力。这一生态排水设计不仅实现了排水功能，同时使景观在雨水冲刷后仍能保持美观。

（5）因地制宜

在场地平整的过程中，发现了大量的火山原石。项目因地制宜，充分利用这些原石，结合场地的风貌，打造了登山步道以及独特的置石景观。这一做法既实现了资源的有效利用，又为场地增添了独特的地域特色。

4. 可赏可品

数字市政厅的景观设计体现了可赏可品的理念。通过层层叠退的台地景观和建筑不同标高的平台、庭院相接，将建筑的内部设施服务于社会大众。这一设计不仅具备中国传统园林可游、可憩、可观、可玩的特点，更在景观中布置了可食植物甬道，包括桑葚、嘉宝果、山楂、黄皮、油柑、神秘果等植物。这些果树不仅提供了采摘的乐趣，还吸引了鸟类入驻园区，实现了生态平衡，控制了虫害的发展，从而节省了杀虫费用。

延续新城规划中"一舍一方田"的理念，数字市政厅将农业生产与果树种植相结合，选择木棉花、油柑、苔藓、石斛等乡土植物品种，打造了生态意境。水稻景观巧妙地利用植物的耕作轮休，使水与建筑相映衬，光影与空间相交错，拓展了建筑的生命。此外，新城会定期举办稻香节，开放给公众进行农作物收割体验，将人们重新与土地连接，感受农耕文化的魅力。

"乡土"是地域文化的体现，"山林"是东方文化追求的大意境。数字市政厅将中国园林构筑艺术和传统风水学应用到城市建设，既探究了中国传统上的优秀设计手法，也借鉴了西方近现代对于城市自然形态研究的先进经验。这样的设计旨在达到"山水城市"的情境，融合了东方和西方的设计理念，为城市增色不少。

数字市政厅作为新城的门户区域，通过规划、建筑、景观设计的整体统筹，实现了功能性、观赏性、生态性与精神性的共融。设计师在这一过程中需具备系统整体观和合作精神，从宏观切入到微观落地。各专业的一体化设计平行深入，最终达到一个完整的设计成果。数字市政厅项目验证了各设计专业有机结合是现代再造城市山林景观的可行之路。

第二节　展望未来的发展趋势

一、智慧城市与景观的深度融合

（一）深化智慧城市理念

随着科技的进步，智慧城市理念逐步演进，不再仅仅停留在信息化和数字化层面，而是更加注重全面性、智能性的城市管理和服务。景观设计作为城市空间的重要组成部分，应更紧密地与智慧城市的演进相协调。

1. 智慧城市对景观的新要求

随着智慧城市理念的不断深化，对城市景观提出了新的、更为复杂而全面的要求。这一新要求不仅强调传统景观设计所追求的美观和功能性，更关注景观如何有机地融入城市的智慧体系，以满足不断发展的城市居民对更智能、便捷生活环境的需求。

在这一新的理念下，景观设计不再仅是为了满足视觉上的审美需求，而是被要求成为城市智慧体系的一部分，为居民提供更为智能化、高效的生活体验。这涵盖了景观的多重角色，包括但不限于城市绿化、公共空间规划、交通系统设计等。新要求强调景观设计需要在满足城市居民生活需求的同时，积极参与和支持智慧城市的建设，为城市提供更为智能、绿色、可持续的发展路径。

关键的一点在于，景观设计需要更加注重与城市智慧体系的紧密融合，与先进的科技手段结合，以创造更具有智慧性和创新性的城市景观。这可能涉及智慧照明系统、智能交通规划、绿色建筑等多个方面的设计和整合。同时，景观设计还需考虑智慧城市的可持续发展目标，通过合理地规划和设计，促进生态平衡、资源利用效率，并提供适应未来城市发展的灵活性。

在智慧城市对景观的新要求下，景观设计师需要全面考虑城市的未来发展方向，以满足城市居民不断变化的需求。这不仅是美学和功能性的问题，还是对设计师跨学科、系统性思考的挑战。

2.智慧城市的可持续性视角

随着智慧城市理念的深化，可持续性成为设计和规划中的关键词，特别是在城市景观设计领域。可持续性的观念要求景观设计更加注重与智慧城市的可持续性发展相契合，通过采用绿色、生态友好的设计理念，为城市的可持续性提供有力支持。

在这一可持续性视角下，景观设计不再仅仅关注外观和功能，而且更加强调对环境、社会和经济的影响，以及如何在设计中实现资源的有效利用和生态平衡。智慧城市的可持续性发展要求景观设计在规划过程中综合考虑生态系统、社会需求和经济效益，并通过创新的设计手段实现这些目标。

绿色、生态友好的设计理念在可持续性视角中显得尤为重要。景观设计应该以最小的生态足迹为前提，通过选择适应当地气候和生态系统的植被，采用雨水收集系统、可再生能源等技术，以促进自然资源的可持续利用。同时，景观规划也需要考虑城市生态系统的健康，保护和恢复自然生态，提高城市的生态韧性。

在社会方面，智慧城市的可持续性发展需要景观设计更好地服务于社区和居民的需求。通过打造共享空间、促进社区参与和创造宜人的居住环境，景观设计可以直接影响城市社会的稳定和发展。

经济可持续性也是景观设计考虑的重要因素，景观设计需要在提高城市竞争力的同时，确保资源的有效利用和经济效益最大化。通过智慧技术的应用，景观设计可以更精准地满足城市居民的需求，提高公共空间的使用效率，从而促进城市经济可持续发展。

在深化智慧城市理念的同时，将可持续性视角融入景观设计，不仅有助于提升城市的整体形象和品质，更为城市的未来发展奠定了坚实的基础。

（二）融合路径的探讨

1. 技术创新的引领

未来的城市发展趋势中，技术创新将成为智慧城市与景观设计融合的主导力量。这一趋势表明，在城市规划和设计中，深入研究智慧城市的前沿技术至关重要，因为技术的不断创新将推动景观设计更好地融入城市的智慧化进程，从而提高设计的科技含量。

首先，技术创新为景观设计提供了更广阔的创作空间。通过深入研究智慧城市所应用的先进技术，景观设计师可以借助这些技术手段，创造出更具前瞻性和科技感的设计方案。例如，虚拟现实、增强现实等技术的引入可以使设计师在规划过程中更好地展示设计效果，让居民更直观地感受到设计的魅力。

其次，技术创新促使景观设计更好地适应城市的智慧化进程。随着智慧城市理念的发展，涉及的技术领域也愈加多元和复杂。景观设计需要借助先进技术，如人工智能、物联网、大数据等，才能满足城市居民对智能化、便捷化生活环境的需求。通过结合城市的智能交通系统、智能照明系统等，景观设计可以创造智慧、高效的城市空间。

最后，技术创新也为景观设计提供了更多的可持续性解决方案。通过运用先进的生态技术、可再生能源等，景观设计可以更好地融入可持续发展的理念，为城市创造出环保、生态友好的景观。这不仅符合智慧城市可持续发展的要求，也为城市居民创造了更健康、宜居的生活环境。

2. 社会需求与公众参与

社会需求与公众参与成为智慧城市与景观设计融合路径中的另一重要方向。在这一方向下，通过深入了解和关注城市居民的需求，景观设计得以更贴近社会的实际需求，强调公众参与的重要性，才能更好地服务于城市社区。

首先，关注社会需求意味着深入了解城市居民的期望和需求。通过系统地调查研究，设计者可以获取对于城市景观的真实反馈，从而更加全面地了解居民对于城市生活环境的期望。这种需求导向的设计理念使景观设计不再是单向的规划和构思，而是更具参与性和共创性，确保设计更符合社会多元化的需求。

其次，强调公众参与是提高景观设计质量的有效途径。在设计过程中，引入公众的参与和意见反馈，有助于设计者更好地理解社区的文化、历史和社会背景，从而创造出更具社会认同感和共鸣力的景观。公众参与也有助于提高设计的可接受性，减少设计可能带来的争议，构建更和谐的城市社区关系。

在智慧城市与景观设计的融合过程中，社会需求与公众参与的重要性进一步凸显。通过引入社会科学的研究方法，例如社会调查、焦点小组讨论等，设计者可以更深入地了解居民的生活方式、文化背景和对于城市空间的感知。这为景观设计提供了更为丰富的社会数据支持，使设计更具科学性和社会适应性。

3. 环境保护的整合

在智慧城市与景观设计的融合路径中，环境保护成为一个关键的考虑因素。景观设计不仅需要在融入智慧城市的同时保持美观和功能性，更应积极采用环保材料、推动生态恢复等手段，以确保城市发展与自然环境和谐共生。

首先，景观设计的环保整合需要注重材料的选择。在材料的选用上，设计者应当倾向于选择可持续、环保的材料，减少对自然资源的过度消耗。采用可降解、可回收的材料有助于减少对环境的负面影响，为城市创造出更为环保的景观。

其次，生态恢复应成为景观设计的重要目标。在城市化进程中，往往伴随着自然生态系统的破坏，而景观设计可以通过绿化、湿地恢复等手段，积极参与生态系统的修复和建设。通过合理规划和设计城市空间，景观设计可以为城市创造出更为生态友好的环境，提高城市生态系统的健康水平。

最后，景观设计还应该关注水资源的合理利用。在智慧城市理念下，通过智能化的水资源管理系统，景观设计可以更加科学地规划城市的水体布局，合理配置雨水资源，减缓城市的洪涝问题，并促进水资源的可持续利用。

（三）创新性观点的提出

1. 智慧技术在景观设计中的应用

在景观设计领域，智慧技术的创新应用为创造更智能化、个性化的城市景观提供了广阔的发展空间。其中，人工智能和物联网等技术成为关键的推动力量，为景观设计注入了前沿科技的活力。

首先，人工智能的应用在景观设计中展现出了巨大的潜力。通过深度学习和机器学习等技术，景观设计可以更好地了解城市居民的喜好和需求。基于大数据分析，人工智能可以挖掘出城市居民的行为模式、文化兴趣等信息，为设计提供更为准确的参考。同时，人工智能在设计过程中还能够生成创新性的设计方案，根据不同场景和需求推荐个性化的景观设计方案，从而提高设计的智能化水平。

其次，物联网技术的应用为景观设计带来了更丰富的感知和交互方式。通过将各类传感器、智能设备等嵌入城市空间，景观设计可以实时获取环境数据，包括气象信息、交通流量、人流密度等。这些数据为设计提供了丰富的参考依据，使景观可以更好地与城市环境互动。例如，智能照明系统可以根据环境光线和人流情况进行智能调节，创造出更为舒适、节能的城市夜景。

最后，智慧技术还可以促使景观设计更好地融入城市管理体系。通过与城市智能交通、安全监控系统等的连接，景观设计可以在应急情况下实现即时响应，提高城市的安全性和紧急响应能力。同时，智慧技术的应用也使景观设计更具可持续性，通过智能化的水资源管理、能源利用等手段，实现城市景观的生态友好和资源高效利用。

2. 设计理念的智能化转变

设计理念的智能化转变标志着景观设计领域的创新与发展。这一转变，不仅强调了设计的美学和文化表达，更注重了设计的功能性和实用性，倡导将智慧城市的理念融入景观设计中，以更好地满足当代城市居民的多元需求。

首先，设计理念的智能化转变强调美学与功能性的有机结合。传统的景观设计注重美感和文化表达，而智能化设计理念将美学融入功能性需求之中。设计师不再仅仅关注景观的外观，更注重其实际运用价值。通过引入智能技术，如智能灯光、智能座椅等，景观可以在进行美学设计的同时实现更为智能、高效的功能，使城市空间更具吸引力和实用性。

其次，强调设计理念的智能化转变突显了对实用性的追求。景观设计不再是单纯的艺术创作，而是更加注重服务城市居民的实际需求。通过引入智能城市理念，景观设计可以更好地服务于城市居民的生活。例如，通过设计具有智能感知功能的公共空间，居民能够更方便地获取信息、享受社交互动，使城市空间更贴近居民的实际生活需求。

最后，设计理念的智能化转变提倡将智慧城市理念纳入景观设计。这意味着设计应更广泛地考虑城市的整体智能化架构，与城市的智能交通、智能照明等系统进行有机连接，实现城市不同层面的智能化协同。通过引入物联网、人工智能等技术，景观设计可以更好地融入城市管理体系，使城市变得更加智能、高效。

3. 景观设计与城市可持续发展的整合

景观设计与城市可持续发展的整合成为一项创新性的观点，为城市提供更具可持续性的景观设计方案。在这一整合过程中，引入循环经济和低碳设计等理念，旨在通过景观设计的创新，促进城市的可持续发展，打造更为环保和宜居的城市环境。

首先，整合循环经济理念是景观设计与城市可持续发展的关键步骤之一。循环经济强调资源的合理利用和再生利用，通过将废弃物转化为资源，减少环境负担。在景观设计中，可以通过采用可再生材料、设计可重复利用的景观元素等手段，将废弃物减至最低，实现景观设计的循环利用，推动城市资源的可持续发展。

其次，低碳设计理念的引入对于减缓气候变化、改善城市空气质量具有重要意义。景观设计可以通过绿化、生态景观等手段，增加城市绿色覆盖率，吸收二氧化碳，改善空气质量。同时，倡导低碳出行、推广节能照明等举措，使景观设计成为城市低碳生活方式的有力支持者。这种可持续性设计理念不仅关注城市的当下，更注重为子孙后代创造更为宜居的环境。

最后，景观设计的整合还需关注水资源和能源的可持续利用。通过合理规划城市水体、设计雨水收集系统等手段，景观设计可以在水资源管理上发挥积极作用。同时，采用可再生能源、智能照明系统等技术，实现景观设计的能源高效利用，为城市的可持续发展贡献力量。

二、技术创新对景观设计的影响

（一）新技术对设计的可能性

新技术如虚拟现实、人工智能、大数据等的引入在景观设计领域催生了许多创新可能性，极大地改变了设计的方式、内容和效果。这些技术的应用不仅提升了设计的科技含量，还为设计师提供了更为丰富和精准的工具，使景观设计从传统的静态形态转变为更具互动性和动态性的体验。

首先，虚拟现实技术为景观设计带来了全新的体验方式。通过虚拟现实技术，设计师可以创建虚拟景观环境，使用户能够身临其境地体验设计方案。这不仅有助于设计师更好地了解设计效果，也为业主和决策者提供了更具说服力的呈现方式。虚拟现实技术的应用使设计变得更为直观、真实，为设计过程中的交流和决策提供了全新的途径。

其次，人工智能技术为景观设计注入了智能化和个性化元素。通过分析大量数据，人工智能可以更准确地了解用户的需求和喜好，为设计提供个性化方案。设计师可以利用人工智能算法优化设计，根据用户的反馈和习惯调整景观元素，使设计更加符合人性化需求。这一智能化设计过程使景观更具针对性和实用性，提升了设计的个性化水平。

最后，大数据技术为景观设计提供了更为全面和精准的信息支持。通过分析城市的大数据，设计师可以更好地理解城市的空间使用、人流分布、环境特征等情况。这有助于科学规划城市的景观布局，优化公共空间的设计。大数据的应用使得设计更加基于实际情况和科学研究，为城市提供更具智能化和可持续性的景观设计方案。

（二）跨界融合的趋势

技术在景观设计领域的跨界融合趋势日益显著，不仅涉及技术与设计的结合，还扩展至与生态学、社会学等多领域的深度融合。这一趋势强调了跨学科合作在创造具有智慧性的景观中的不可或缺的作用，为景观设计的发展开辟了新的可能性。

首先，技术与生态学的跨界融合成为景观设计领域的热点。随着对可持续发展的日益关注，技术与生态学的结合使景观设计更加注重生态平衡和环境可持续性。通过引入智能灌溉系统、生态恢复技术等，技术与生态学相互交融，实现了城市景观的生态友好和资源高效利用。这一融合趋势为城市环境的绿色化和生态化提供了科学而创新的解决方案。

其次，技术与社会学的跨界融合推动了景观设计更好地服务于社会需求。通过深入了解社会文化、人群行为等信息，技术与社会学相结合的景观设计更加贴近居民的实际需求。例如，通过社交媒体数据的分析，可以了解城市居民的社交习惯，从而优化公共空间设计以促进社会互动。这一融合趋势使景观设计更具社会参与性，更好地满足城市居民的文化和社交需求。

最后，跨界融合还表现为技术与艺术、文化等领域的深度合作。通过将科技与艺术相融合，景观设计得以在美学表达上更具创新性。例如，通过投影技术创造出动态的光影景观，使城市变得更富有艺术感。这种技术与艺术的跨界合作为景观设计注入了更为丰富的文化内涵，使得设计更具有审美价值。

（三）可持续性设计的强调

新技术的引入标志着景观设计领域对可持续性的强烈关注和重视。这一趋势不仅体现在提高设计效率、资源利用效率和环境友好性方面，同时也为未来可持续景观设计提供了理论和实践支持。

首先，新技术在提高设计效率方面发挥着关键作用。通过引入计算机辅助设计（CAD）、三维建模、虚拟现实等技术，设计师能够更迅速、精确地制订设计方案。这不仅提高了设计效率，也为设计师提供了更灵活的空间，使其能够更充分地考虑可持续性因素。设计师可以通过新技术在不同设计方案中进行模拟和比较，以找到更符合可持续发展目标的解决方案。

其次，新技术对资源利用效率的提升具有显著的潜力。在景观设计中，通过智能灌溉系统、智能照明设施等新技术的应用，可以实现对水、电等资源的有效利用。通过大数据分析，设计师可以了解城市的用水习惯、能源消耗等信息，为设计提供更科学的依据，使设计在资源利用方面取得更大的效益。新技术的这种资源优化特性有助于实现景观设计的可持续性目标。

最后，新技术的引入在提高环境友好性方面产生了积极影响。通过绿色建筑材料的选择、生态恢复技术的应用等手段，设计师可以借助新技术降低景观设计对环境的负面影响。虚拟现实技术的应用可以在设计初期模拟景观效果，从而更好地评估其对周围环境的影响，有助于避免对生态系统的破坏。这种新技术的环境友好性为景观设计提供了可持续的设计选择。

三、智慧景观的可持续性与社会影响

（一）可持续性发展的重要性

未来景观设计的发展应当更加注重可持续性，这一要求涵盖了从生态、社会到经济等多个角度，倡导景观设计不仅要在美学上取得成就，更要在满足社会可持续发展需求方面发挥积极作用。

首先，从生态角度看，可持续性发展要求景观设计在规划和实施过程中考虑生态系统的保护和恢复。通过选择合适的植被、采用绿色建筑材料、推动生态恢复等手段，景观设计可以最大限度地减少对自然环境的影响，促进城市与自然的和谐共生。此外，强调水资源的合理利用、推动循环经济理念等也是生态可持续性的关键因素。景观设计在这方面的努力不仅可以改善城市环境，还对全球生态系统的保护产生积极作用。

其次，从社会角度看，可持续性发展要求景观设计更好地服务于社会需求，提高居民的生活质量。通过参与式设计、充分考虑社区文化、关注弱势群体等方式，景观设计可以实现社会的包容性，确保设计方案符合不同人群的需求和期望。强调社会可持续性也包括推动社区参与、增加公共空间、促进社会互动等方面的努力，使景观设计成为社区共享和社交的场所。

最后，从经济角度看，可持续性发展要求景观设计在保护生态和满足社会需求的同时具备经济可行性。通过合理规划城市用地、提高景观设计的经济效益、吸引投资等方式，景观设计可以在可持续性的基础上实现经济的可持续发展。景观设计不仅可以为城市创造经济价值，还有助于提升城市形象，促进旅游和商业发展。

（二）智慧景观对社会的影响

智慧景观设计对城市社会产生了深刻的直接和间接影响，涵盖了社会互动、居民生活质量以及社区凝聚力等多个方面。这一影响远不仅仅局限于城市形象的服务，还深刻地改变着居民的生活方式和城市社会文化。

首先，智慧景观设计促进了社会互动的增强。通过引入先进的技术，如智能化公共空间、社交媒体互动等，城市居民在景观环境中更容易参与社会互动。例如，智慧公园中的交互式装置、数字化信息展示板等使得居民能够更加便捷地获取信息、参与活动，并与他人分享体验。这种社会互动的增强有助于打破社交壁垒，促进城市居民之间的交流与合作。

其次，智慧景观设计对提升居民生活质量具有积极作用。通过智能化的城市设施和服务，如智能交通、智能照明、健康监测等，居民的生活变得更加便捷、安全和健康。这种便利性的提升直接影响了居民的生活体验，为他们创造了更加宜居的城市环境。智慧景观设计通过技术的创新为城市居民提供更多元化、个性化的生活选择，使城市成为令人向往的居住地。

最后，智慧景观设计还对社区凝聚力的形成和加强起到了积极的推动作用。通过共享型智能设施、社区活动的数字化管理等手段，智慧景观设计为社区居民提供了更多参与社区建设的机会。数字社区平台、在线社区活动组织等形式使居民更容易参与社区事务，增进了居民之间的交往和归属感。这种社区凝聚力的提升有助于建立更具社会活力和互助性质的城市社区。

（三）促进社会可持续性发展的路径

智慧景观设计在成为城市社会可持续性发展的促进者方面，可以通过多方面的路径和策略实现，涵盖社区参与、生态保护、资源循环利用等方面的实践建议。

首先，社区参与是智慧景观设计促进社会可持续性发展的关键路径之一。通过引入数字社区平台、在线参与工具等，设计师可以与社区居民直接互动，收集居民的意见和建议。通过社区参与的方式，景观设计可以更贴近社会的实际需求，充分考虑不同居民的观点，实现设计的多元化和包容性。此外，鼓励居民参与景观设计的决策和规划过程，使其在城市发展中具有更强的参与感，从而推动社区的可持续性发展。

其次，生态保护是智慧景观设计实现可持续性发展的重要策略。通过智能化的生态监测系统、生态修复技术等手段，景观设计可以更全面地保护和维护城市的生态系统。例如，采用雨水收集系统、生态友好性等设计举措，有助于最大限度地减少对水资源和自然生态的影响。这样的生态保护实践不仅使城市景观更加环保，也有助于提高城市抵御自然灾害的能力，实现社会的可持续性发展。

最后，资源循环利用是智慧景观设计的重要实践方向。通过智能化的垃圾分类系统、可再生能源的利用等手段，景观设计可以推动城市资源的有效利用和再循环。例如，在景观规划中引入可再生能源发电设施，通过废弃物的再利用来打造景观元素等，实现资源的最大化利用。这样做有助于减少城市的资源浪费，推动城市向可持续发展的路径转变。

第三节 结论和建议

一、从案例中得出的结论

（一）典型案例的经验教训

通过对各典型案例的深入研究，可以得出一系列的结论和经验教训。首先，成功的智慧城市景观设计不仅注重技术的引入，更要充分考虑城市文化、历史和社会特点。在实践中，那些将技术创新与地方文化相融合的案例更容易取得社区居民的认同和支持，推动城市可持续性发展。其次，案例中成功的设计往往具有强烈的参与性，通过广泛的社区参与和共享机制，使景观设计真正服务于城市居民，实现了人性化的智慧城市发展。最后，成功的案例往往展现了跨学科合作的优势，将景观设计、城市规划、信息技术等多个领域的专业知识相互融合，创造了更具创新性和可持续性的城市景观。

（二）智慧城市景观设计对城市发展的启示

通过对案例的深入研究，可以得出对城市发展的启示。首先，智慧城市景观设计不仅仅是技术的应用，更是一种城市治理和社区建设的重要手段。通过智慧城市景观设计，可以优化城市空间结构，提高城市居民的生活品质。其次，社区参与和可持续性发展是智慧城市景观设计成功的关键因素。建设过程中要充分考虑居民的需求，引入可持续性设计理念，实现城市与自然的和谐共生。最后，案例研究表明，城市管理部门需要加强对智慧城市景观设计的引导和规划，以确保技术的合理运用和社会效益最大化。

二、面临的挑战与应对策略

（一）智慧城市景观设计可能面临的挑战

在实践中，智慧城市景观设计面临一系列挑战，包括技术难题、社会认知、投资不足等方面。首先，技术的更新换代可能导致设计方案过时，需要不断跟进最新的科技发展。其次，社会层面的认知差异和对新技术的接受度不同也可能成为阻碍设计实施的因素。此外，由于智慧城市景观设计通常需要大量的投资，投资不足可能影响项目的可行性和可持续性。

（二）应对策略

为了应对这些挑战，首先需要建立持续的技术创新机制，确保设计方案能够及时更新和适应科技发展的步伐。其次加强公众教育和宣传，提高社区居民对智慧城市景观设计的认知和接受度，形成更广泛的社会共识。另外，政府和企业应加大对智慧城市景观设计的投资，通过多元化的融资渠道和合作模式，确保项目的可行性和可持续性。

三、对未来研究的建议

（一）研究方向

未来的研究可以聚焦在智慧城市景观设计的技术创新、社区参与机制、可持续性发展等方面。在技术创新方面，可以深入研究新兴技术在景观设计中的应用，如虚拟现实、人工智能等技术。在社区参与机制方面，可以研究不同文化和社会背景下的社区参与模式，提出更符合实际情况的设计策略。在可持续性发展方面，可以关注生态设计、资源循环利用等议题，推动智慧城市景观设计朝着可持续的方向发展。

（二）研究重点

未来的研究可以重点关注智慧城市景观设计的社会效益评估、城市管理政策与法规制定等方面。在社会效益评估方面，可以通过实地调研和案例分析，量化智慧城市景观设计对社区居民的影响，为设计的改进提供科学依据。在城市管理政策与法规制定方面，可以研究智慧城市景观设计的推广政策、标准和法规，为其规范化和可持续性发展提供法律支持。

参考文献

[1] 叶尚锦.基于智慧城市理念下旅游道路景观设计方法研究 [D].合肥：安徽农业大学，2018（18）：12-13.

[2] 李林华.智慧生态城市规划建设基本理论的思考 [J].建筑工程，2017（12）：55-57.

[3] 马章安.外眼看山东·央媒一周图片撷英丨 济南新添"智慧"景观河；青岛 [EB/OL].2020-12-02/2021-01-10.

[4] 石河.无人车智能路，未来空间有"小度"海淀公园成为全国首座 AI 科技主题公园 [J].绿化与生活，2019（02）：38-45.

[5] 董慧，程振林，廖浩均.智慧城市建设模式新探索 [J].智库代，2018（5）：205-215.

[6] 胡云卿.基于智慧城市的园林景观规划方法及技术的探析 [J].智能建筑与智慧城市，2019（3）：60-62.

[7] 褚海峰，张晓玲，杜昕萌.基于智慧城市理念的城市历史文化街区更新策略研究：以桂林东西巷为例 [J].城市建筑空间，2022（12）：28-31.

[8] 邓蜀阳，武振波.智慧城市理念下的历史文化街区"智慧化"更新策略探析：以榆次老城为例 [J].智能建筑与智慧城市，2019（11）：28-30，33.

[9] 林文棋，田可嘉，张彦军，等.物联网与可视化技术支持下的智慧城市实践：北京西城历史文化保护区智能监测与管理系统研究与示范 [J].北京规划建设，2019（增刊 2）：189-197.

[10] 于英，高宏波，王刚."微中心"激活历史文化街区：智慧城市背景下的苏州悬桥巷历史街区有机更新探析 [J].城市发展研究，2017（10）：2，35，40.

[11] 赵慧勤.历史文化遗产数字化传承体系的研究：以北魏历史文化遗产为例 [J].教育与教学研究，2017（9）：115-120.

[12] 黄亚林.分析城市边缘区绿色空间格局及规划设计 [J].中国战略新兴产业，2018（04）：209，211.

[13] 张舒.高密度语境下公共空间的综合性能优化策略研究 [J].建筑与文化，

2018（02）：60-61.

[14] 叶林，邢忠，颜文涛.城市边缘区绿色空间精明规划研究：核心议题、概念框架和策略探讨 [J].城市规划学刊，2017（01）：30-38.

[15] 庄雪芳.绿色空间理念在建筑设计中的运用与发展 [J].建筑经济，2021，42（07）：113-114.

[16] 刘新伟.绿色设计理念在室内设计中的体现及应用研究 [J].绿色环保建材，2021（03）：82-83.

[17] 蒋晶容.绿色空间设计研究：以江南传统智慧的绿色建筑空间设计为例 [J].江西建材，2021（01）：78-79.

[18] 徐跃家，冯昊，李煜.城市、街道、社区设计的心理干预：基于"城市理智"的思考 [J].建筑创作，2020（04）：156-167.

[19] 唐晶晶，姚崇怀.植景设计视角下的植物绿色空间美景度数量化模型 [J].中国园林，2020，36（08）：124-128.

[20] 王晶.智慧城市的街道景观设计 [J].现代园艺，2020（18）：82-83.

[21] 王博.基于智慧城市背景下的城市街道景观设计探析 [J].智能建筑与智慧城市，2020（6）：128-129.

[22] 李慕静，张葳.智慧城市的街道景观设计 [J].建筑与文化，2018（6）：120-121.